揭秘

玩法

▲ 啟動機甲恐龍，再放在平坦的表面上，恐龍便會穩定前進。

▲ 如果恐龍有轉彎的情況，可在其腹部附上電池等重物，利用增重以減緩其轉彎程度。

機械原理

　　機甲恐龍的摩打轉軸連着腿部關節的兩塊圓形木板。由於圓形木板的軸心並非在圓心，而是兩邊向相反方向偏離，所以轉動時便會驅動雙腿轉動，而且兩邊的旋轉方向不一致，於是產生踏步效果。

左腳（從左側觀察）　　　　　　　　　　　　　　　　　　　　**右腳**（從右側觀察）

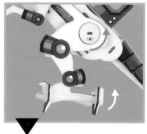

轉軸

右腳踏地

左腳提起

左腳跨前

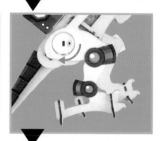

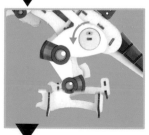

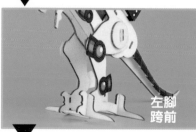

右腳提起

左腳踏地

右腳跨前

恐龍年代

書內還標示了一些奇怪的時代名稱呢。

恐龍在2億多年前的地球上出現，主要存活於3個年代 —— 三疊紀、侏羅紀和白堊紀。這些名稱與地質年代息息相關。

地球的成長「日記」—— 地質年代

我們快去勘探這地球的地質，看看過去發生甚麼事吧！

地球誕生以來已經過大約46億年，其間發生了不少重大事件，將地球塑造成現時的模樣。地質年代就是以這些事件為基礎，將46億年劃分成不同階段並加以命名。

白堊紀
歐洲西北部屬於此時期的岩層主要是白堊石，因而得名。

三疊紀
在德國南部，此時代的岩層分成三層不同種類的岩石，於是就叫三疊紀。

侏羅紀
首次辨認到這時期的石灰岩層位於法國及瑞士之間的汝拉山（Jura Mountains），人們便據此山命名侏羅紀（Jurassic）。

英國
愛爾蘭
荷蘭
德國
比利時
盧森堡
法國
瑞士

地球的地質年代分成 4 個稱作「宙」的時期，每個宙細分成數個「代」，每代再細分成數個「紀」。若有需要，每個紀更會細分成數個「世」。

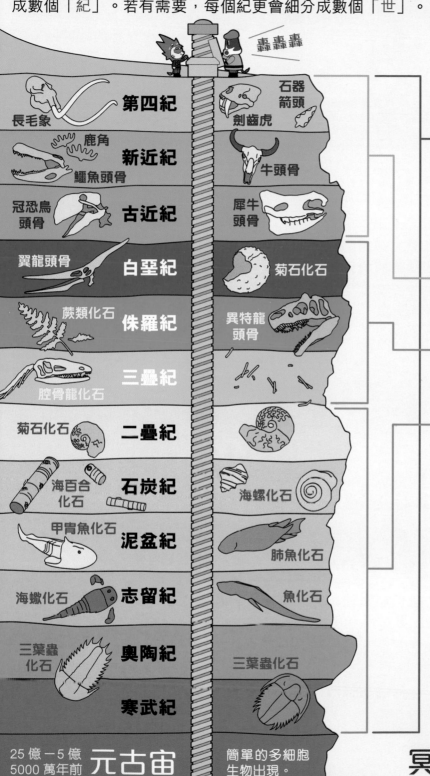

轟轟轟

第四紀
長毛象
石器箭頭
劍齒虎

新近紀
鹿角
鱷魚頭骨
牛頭骨

古近紀
冠恐鳥頭骨
犀牛頭骨

白堊紀
翼龍頭骨
菊石化石

侏羅紀
蕨類化石
異特龍頭骨

三疊紀
腔骨龍化石

二疊紀
菊石化石

石炭紀
海百合化石
海螺化石

泥盆紀
甲冑魚化石
肺魚化石

志留紀
海蠍化石
魚化石

奧陶紀
三葉蟲化石
三葉蟲化石

寒武紀

元古宙
25 億－5 億 5000 萬年前
簡單的多細胞生物出現。

太古宙
40 億－25 億年前
大陸逐漸形成，出現古菌、細菌等單細胞生物。

地表不斷形成新的岩石，並覆蓋舊岩石，層層疊加，於是每個岩層就屬於不同時期。當中愈深處的岩層，其時期就愈久遠。

顯生宙
範圍從約 5 億 5000 萬年前到現在，是生物顯現的時期，大量生物於此時期出現，其中可分為 3 個代。

最表面的岩層屬於**新生代**，是恐龍滅絕後的時期。當中又分 3 個紀，現時為第四紀。

中生代是恐龍出現及稱霸地球的年代，由新至舊可細分成白堊紀、侏羅紀和三疊紀。

古生代則是複雜生物開始出現的年代，分成 6 個紀。

每個岩層的深度、厚薄及岩石成分，都會依據其地理位置而不同，但時代順序必定相同。

冥古宙
46 億－40 億年前

熾熱的岩漿球逐漸冷卻固化，形成地球，而且液態水最終可穩定存在。由於此年代的岩石埋藏在最深處，大多已熔化，所以幾乎沒遺留下來。

地質偵探

雖然沒有人親眼看過地球過去的模樣，可是地質學家從世界各地的化石及岩層組成，就能推測各個年代的生物、地貌、氣候等資料。

可是怎樣從岩石中知道地球過去發生甚麼事呢？

觀察岩石成分及化石數量便可從中推測。

三疊紀

就用三疊紀、侏羅紀和白堊紀為例吧。

三疊紀是中生代的開始時期，當時地球剛經歷二疊紀－三疊紀滅絕事件，逾半陸上生物及超過9成海洋生物都絕種消失，經數百萬年才回復過來。

人們怎知道有滅絕事件？又如何得知多少物種滅絕呢？

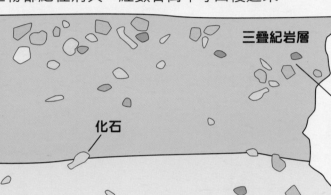

地質學家發現三疊紀早期岩層的化石數量及種類，遠少於二疊紀晚期，因而推測有大滅絕事件，並從兩者的比例估算有多少生物絕種。

三疊紀岩層

三疊紀較淺層的化石數量再度增加，意味着物種的數量回復，而這岩層屬於大滅絕後數百萬年後的時期。

化石

陸地及海洋生物化石種類，分別減少50%至90%。

二疊紀岩層

三疊紀的氣候和生態環境是怎樣的呢？

盤古大陸仍結集在一起，氣候炎熱乾燥，內陸地區主要都是沙漠地帶。

不過，盤古大陸赤道附近估計有熱帶雨林。此處的樹木遺骸形成煤礦，煤礦隨着盤古大陸分裂後，移到北美洲及歐洲，是熱帶雨林曾存在的證據。

▲此時期的岩石主要是只有沙漠地區才會形成的砂岩。

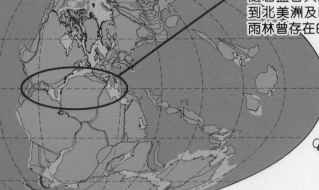

恐龍於三疊紀的中期開始出現，其體形不大，也不在食物鏈的最頂層。而當時稱霸的是植龍和勞氏鱷。

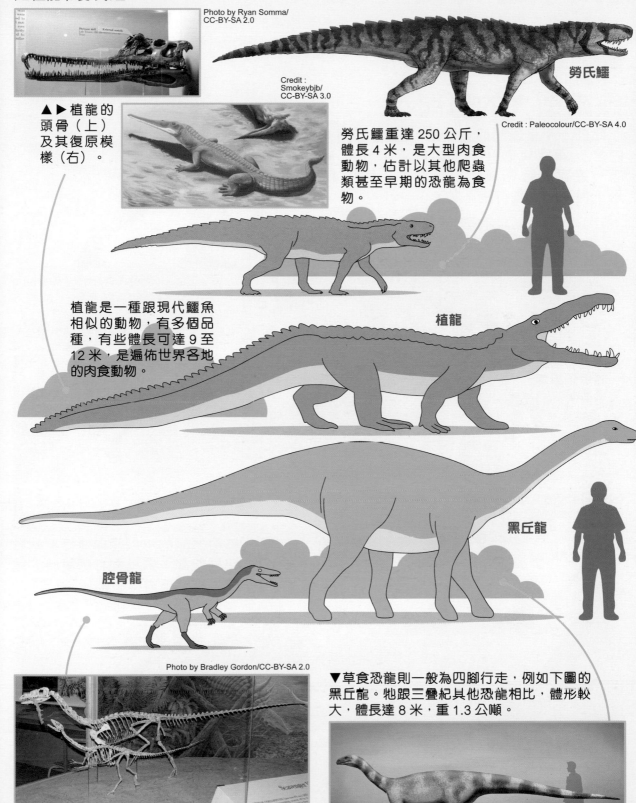

勞氏鱷

▲▶植龍的頭骨（上）及其復原模樣（右）。

勞氏鱷重達 250 公斤，體長 4 米，是大型肉食動物，估計以其他爬蟲類甚至早期的恐龍為食物。

植龍是一種跟現代鱷魚相似的動物，有多個品種，有些體長可達 9 至 12 米，是遍佈世界各地的肉食動物。

植龍

黑丘龍

腔骨龍

▼草食恐龍則一般為四腳行走，例如下圖的黑丘龍。牠跟三疊紀其他恐龍相比，體形較大，體長達 8 米，重 1.3 公噸。

▲這隻腔骨龍的體形跟同時期的肉食恐龍一樣細小，體長約 3 米，可從頭骨中的尖銳牙齒以及可雙足站立的腿骨來推斷為肉食動物。

侏羅紀及白堊紀

盤古大陸在這時期已分裂開來，海洋延伸至原本的內陸，令炎熱乾燥的氣候轉變成較溫和的海洋氣候，令赤道附近的熱帶雨林面積增加，極地附近也長出森林。由於有更多植物可供食用，恐龍數量得以增加。

愈來愈大的恐龍

此外，不少恐龍的骨骼是中空的，內含充滿空氣的空洞，因此非常輕巧。這容許牠們演化出更龐大的體形，但又不會重得跑不動。

異特龍

Credit : Fred Wierum/CC-BY-SA 3.0

三角龍

Credit : Nobu Tamura/CC-BY-SA 3.0

這隻恐龍的手跟機甲恐龍一樣短呢！

暴龍

Credit : DataBase Center for Life Science/CC BY 4.0

驅動機械手的連桿

機甲恐龍的手以連桿連接着轉動的髖部關節，這樣摩打轉動時，就可同時令雙手前後擺動。

無畏巨龍

▶ 這種晚白堊紀晚期出現的巨型草食恐龍，頸部及身軀共長 26 米，比 2 輛巴士的總長度還要長。

Credit : Nobu Tamura/CC-BY-SA 4.0

快點把化石帶回船上，給瓦特犬博士看看！

報告！我們從地球帶回了岩石樣本和化石！

這麼多？

噢！你們真走運，撿到這好東西。

這是甚麼？

糞化石

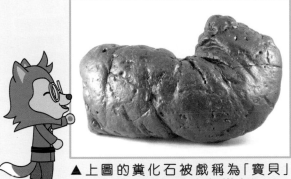

Credit : Poozeum/CC-BY-SA 4.0

甚麼？

▲上圖的糞化石被戲稱為「寶貝」（Precious），相信是中新世（約 2000 萬至 500 萬年前）留下的鱷魚糞便化石，重 1.92kg，如拉直則長 25.4cm。

除了動物遺骸外，大便也可變成化石，只是機率更低，所以糞化石非常稀有。

只要分析糞化石的大小、形狀、質感、內藏物等，就可知道糞便的「物主」吃甚麼、食物的消化程度、腸道狀況等，研究價值極高。

有沒有恐龍的糞化石？

科學家估計大型恐龍的糞化石極為稀有，因牠們排出的大便太大，掉到地上時已支離破碎，不能保存下來。

為甚麼糞化石這麼稀有？

糞便既易散，又會吸引昆蟲來吃，因此很難保存下來。只有在糞便被排出後，馬上掉進泥土中並被覆蓋，再經數百萬年，礦物質逐漸取代那些組成糞便的有機物，才會變成糞化石。

Credit : Poozeum/CC-BY-SA 4.0

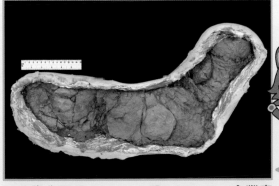

▲此糞化石長 63.5cm，闊 15.25cm，含豐富磷質及鈣質，而且有大量被碾碎的骨質，可能源自暴龍等巨大肉食恐龍。

這……這不臭嗎？

這是幾百萬年的陳年舊屎，已完全礦物化，不會有臭味啊。

左圖的糞化石目前是健力士世界紀錄中最大型的糞化石，由喬治·弗蘭森（George Frandsen）發現，他還發掘及收藏了大量糞化石，並開設了網上博物館 Poozeum 展出，有興趣的讀者可去看看！

海豚哥哥
自然教室

動物

環保生態協會
Eco Association

© 海豚哥哥 Thomas Tue

聰明的大象

我的腦袋重達 5 公斤，有超過 2500 億個神經元，所以我們是很聰明的動物呢！

大象的記憶力驚人，而且智商高、感情豐富，有時見到動物或人類受傷也會施予幫助。

　　象（Elephant）也稱大象，是陸上現存最大的哺乳類動物，身高可達 4 米，體重可達 7.5 噸。身體主要是淺灰色和棕色，皮膚粗糙和有很多皺紋。四肢粗壯，外形大而笨重，所以四隻腳不會同時離開地面，也不能跳躍。

　　牠們喜歡在草原、叢林和河谷地帶棲息，主要吃嫩葉、水果、野草和野菜等為生。大象分佈在非洲和亞洲地區，主要分為非洲草原象、非洲森林象和亞洲象，壽命估計可達 70 歲。

© 海豚哥哥 Thomas Tue

▲長長的象鼻與上唇連成一體，靈活得像人的手指，可採摘食物和移走障礙物。聰明的牠們會用鼻子吸起沙子和水分，然後噴撒在身上，用來防曬和降溫。

© 海豚哥哥 Thomas Tue

▲象耳像兩把大扇，當中佈滿血管，牠們會搧動耳朵以助身體降溫。

© 海豚哥哥 Thomas Tue

▲象群是母系社會，首領由資深的年長雌性擔任。另外，雌象的懷孕期可達 22 個月，接近 2 年時間。

想跟海豚哥哥一起考察海豚，請瀏覽以下網址：eco.org.hk/mrdolphintrip

收看精彩片段，請訂閱Youtube頻道：「海豚哥哥」
https://bit.ly/3eOOGlb

海豚哥哥簡介

f 海豚哥哥 Thomas Tue

　　自小喜愛大自然，於加拿大成長，曾穿越洛磯山脈深入岩洞和北極探險。從事環保教育超過20年，現任環保生態協會總幹事，致力保護中華白海豚，以提高自然保育意識為己任。

紙杯 UFO 伸縮手

機械

來自達爾星球的達爾猩猩竟駕駛 UFO，抓走兒科村民去研究。

神探蝸利略出動，誓要為這件抓人案畫上句號！

正文社 YouTube 頻道

嘟一嘟在正文社 YouTube 頻道搜尋「#203DIY」觀看製作過程！

製作時間：15 分鐘

製作難度：★☆☆☆☆

玩法

1

一手拿粗飲管，一手推出幼飲管，伸縮手便會在杯外張開。

快逃呀！

UFO 抓人啦！

得想辦法阻止達爾猩猩！

2

對準物品，向後拉幼飲管，伸縮手便會抓住它並縮回杯內。

製作步驟

材料：8cm 或以上高的紙杯 2 個、粗飲管 1 枝、幼飲管 1 枝（請用直飲管）

工具：原子筆、剪刀、剝刀、膠紙、雙面膠紙。

1

反轉紙杯，用原子筆在杯底中央穿洞，筆桿須穿過洞口，令洞口夠闊讓幼飲管通過。

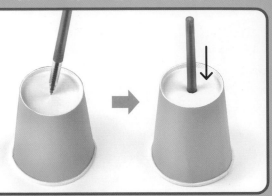

2

貼上達爾猩猩 UFO 裝飾紙樣。

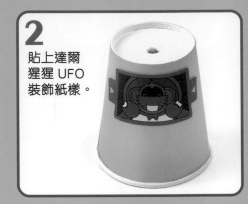

3

在另一隻杯重複步驟 1。然後剪開杯邊到底。

4

如圖壓扁杯口，把步驟 3 開口對面的邊剪到底。

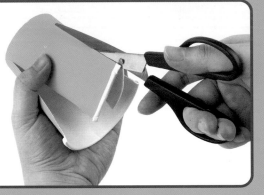

5

對摺其中一邊杯口，沿中央摺線剪到底。

6

重複步驟 5，把杯身剪成 8 等份。

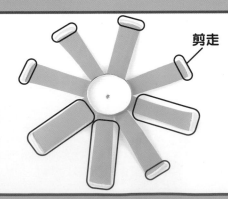

7

把全部杯邊向外反出來。剪走紅色圈住的部分，剩下的杯身便是有五隻手指的伸縮手。

剪走

8 於每隻手指末端三分之一處往上摺。

9 在幼飲管末端剪約 2cm，翻開成十字分叉。

10 把幼飲管穿過伸縮手的杯底，用膠紙貼牢十字分叉。

11 用雙面膠紙貼上伸縮手裝飾紙樣。

12

在粗飲管重複步驟 9。
用膠紙把粗飲管的分叉貼在 UFO 杯底。

13

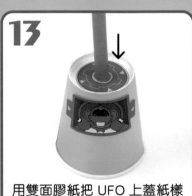

用雙面膠紙把 UFO 上蓋紙樣貼在分叉上。

14 把粗飲管剪短至幼飲管的一半，如有需要可再修短。

15 把伸縮手塞進 UFO 杯內，並將幼飲管從杯內穿進粗飲管。

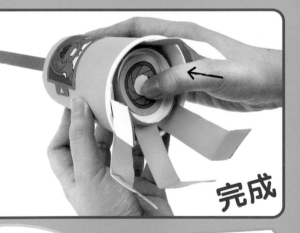

完成

啊！神探蝸利略被抓進去了！

想認識我們的話，就看《兒童的科學》吧！這些送給你看。

謝謝！書中內容真豐富，我沒空抓人研究了！

實際應用的機械臂

機械臂廣泛應用於工業、醫療、建築和航太等範疇。

◀太空站的機械臂可幫助太空人固定自己的位置,從而在艙外檢查和維修。

▶機械人運用機械臂,代替人執行掃雷、拆彈等等危險的任務。

無形的機械手:電磁鐵起重機

這種起重機配備了一塊扁圓形的電磁鐵。它能產生強大磁力,連重以噸計的汽車也能吸起,所以常用於處理廢車或建築廢料。

電磁鐵

鐵廢料

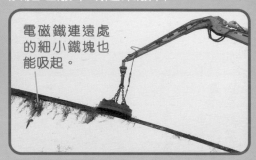

電磁鐵連遠處的細小鐵塊也能吸起。

電磁鐵是什麼?

電磁鐵在不通電時只是一塊普通的鐵,只有通電時才具有磁力,去吸引周圍的鐵類物質。

另外,電磁鐵可透過增減電力來調節磁力。電力愈強,磁力愈強。

舉例來說,用線圈捲着鐵釘,通電後就能把鐵釘變成電磁鐵。

電磁鐵的們堅原理

在一塊鐵捲上金屬線圈着,再於線圈兩端連接電源。通電後,線圈周圍便會產生磁場,並將中間的鐵塊磁化成電磁鐵,這現象稱作電磁流效應。

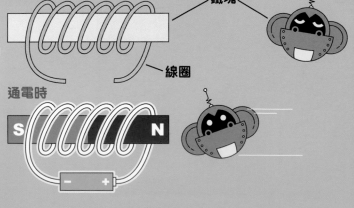

未通電

鐵塊

線圈

通電時

S   N

紙樣

沿實線剪下

沿虛線向內摺

黏合處

居兔夫人

伸縮手裝飾

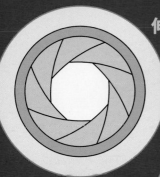

UFO 裝飾

UFO 上蓋

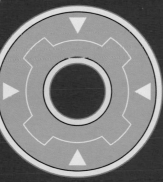

愛迪蛙

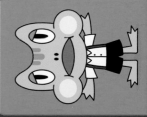

伏特犬

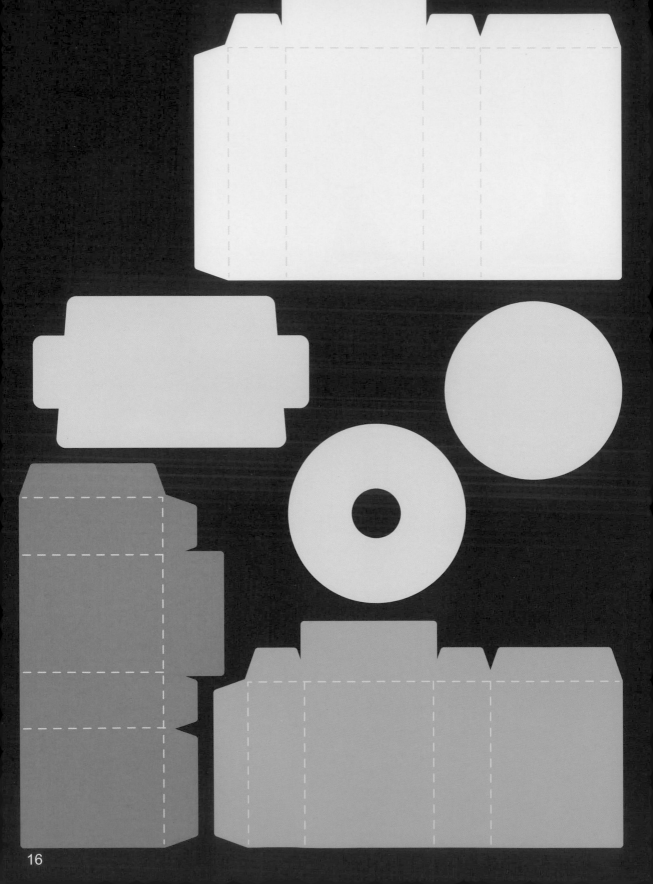

蔡蔡和倫倫是光子速遞公司新入職的速遞員，他們第一天的工作，就是要將「包裹」從 A 城送到 B 城。

正文社 YouTube 頻道

嘟一嘟在正文社 YouTube 頻道搜尋「#203 光之奇幻旅程」觀看實驗過程影片！

只要沿着光纖就能到達 B 城了，須在限時內送到啊。

是！

光之奇幻旅程

貝體要怎樣做啊？

沿光纖向前「彈」就行了。

GO

即是怎樣？

17

實驗一：光纖模擬

材料：硬卡紙、水晶線或魚絲（可於文具店購買）、萬用貼、膠紙、電筒
工具：剪刀、圖釘、鉛筆

⚠ 請在家長陪同下使用刀具。

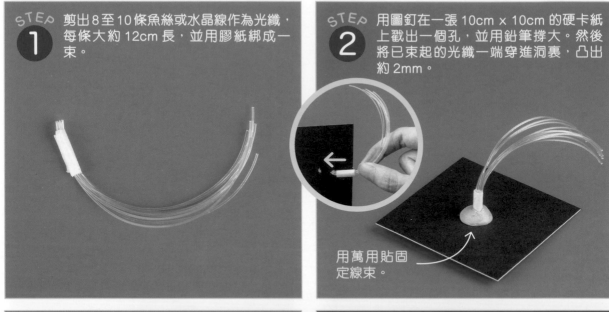

STEP 1 剪出8至10條魚絲或水晶線作為光纖，每條大約12cm長，並用膠紙綁成一束。

STEP 2 用圖釘在一張10cm × 10cm的硬卡紙上戳出一個孔，並用鉛筆撐大。然後將已束起的光纖一端穿進洞裏，凸出約2mm。

用萬用貼固定線束。

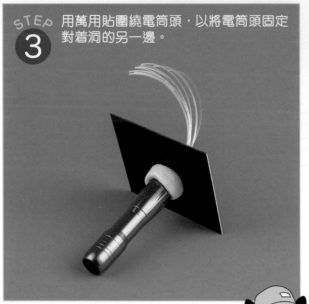

STEP 3 用萬用貼圍繞電筒頭，以將電筒頭固定對着洞的另一邊。

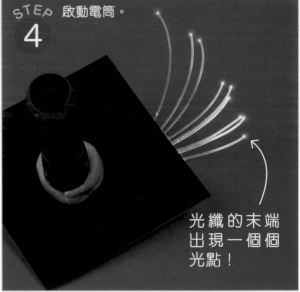

STEP 4 啟動電筒。

光纖的末端出現一個個光點！

全內反射

光纖是一種以玻璃或塑膠等透光物質製成的纖維。當光線在光纖內傳遞時，就是靠全內反射不斷前進，於是人們可在其末端看到光點。

甚麼是全內反射？

這就是光在光纖內反射的現象。

發生全內反射的條件有兩個：
❶ 入射光線嘗試從光密介質走到光疏介質。
❷ 入射角度比臨界角度大。
如果符合以上條件，光線就不能折射出光疏介質，反而是完全反射回去，這就是全內反射。

有好多聽不懂的詞語啊！

別急，馬上解釋給你聽。

　　假設有兩種不同的透光物質，其中一種可讓光線跑得較快的，就是光疏介質；相對之下，另一種物質令光線跑得較慢，那就是光密介質。以本實驗的裝置為例：

空氣

光纖

光線在空氣中，比在光纖內跑得快，所以空氣是光疏介質，光纖則是光密介質。

❶ 光線從電筒射進光纖，便撞向光纖邊界。這條光線叫入射光線。

❷ 入射光線撞到光纖邊界時，便會嘗試離開光纖，折射至空氣中，因此符合條件 1。

❸ 只是，如果光線撞向邊界時，入射角度大於臨界角度，便符合條件 2。所有光線都不能折射離開光纖，而只能反射回光纖內。

入射角度

若於入射光線與物質邊界的交點畫一條垂直線，在垂直線和入射光線間形成的夾角就是入射角度。

臨界角度

即光線可折射離開光密介質的入射角度上限。

實驗中的光纖會發光，那是因為光線的入射角小於臨界角，令部分光線從中折射出來。

光線走到光纖盡頭就會被迫折射出來，令人看到光點。

奇怪，四周怎麼愈來愈少光子？

實驗二：光纖漏光測試

材料：實驗一的裝置、水、碗

STEP 1

把光纖中間的一段浸在水中，觀察另一端的光點有何變化。

光點變得較暗。

是否有些光漏出光纖外了？

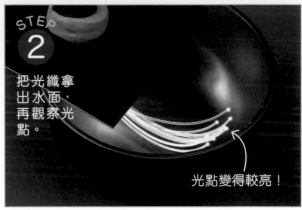

STEP 2

把光纖拿出水面，再觀察光點。

光點變得較亮！

光纖的應用和限制

　　光纖現時常用於互聯網傳送數據。光線在光纖內按特定規律，以極高頻率閃爍。其間，電腦解讀那些閃爍，變成可用的數據。

❶電腦或其他裝置送出數據。

❷數據經電路轉化為光線。

❸光線經光纖傳送。

❹光線經接收後，再度被轉化為電腦看得懂的數據。

不過，如果光纖外露於空氣中或浸在水裏，都會令光線較難在光纖內傳遞。

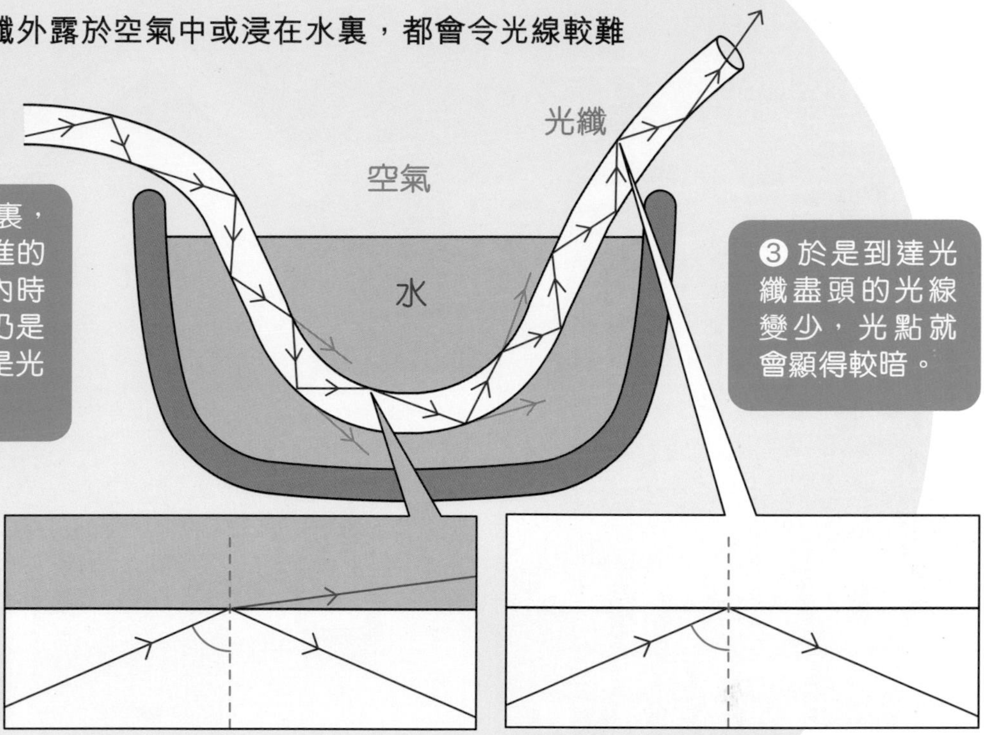

❶ 當光纖浸在水裏，因光線在水中前進的速度仍比在光纖內時更快，所以光纖仍是光密介質，水則是光疏介質。

光纖

空氣

水

❸ 於是到達光纖盡頭的光線變少，光點就會顯得較暗。

❷ 可是，水和光纖交界的臨界角較大，較難發生全內反射，於是有些光線變得可折射「漏走」。

▲光纖在水中時，有部分能折射離開光纖。

▲光纖在空氣中時，光線毋須依靠那麼大的入射角度就能全內反射，因此較多光線留在光纖內。

保護光纖的方法

光纖除了不能碰水，也不可暴露於空氣中。這是因為氣溫和氣壓經常改變，會導致臨界角不穩定，使光纖內的光線時明時暗，數據或會因此傳失，因而拖慢網速。

所以，實際使用的光纖通常分成三層，以確保光線可穩定傳送。

纖芯 光線於此傳遞。

保護層 用來保護光纖免於刮花、撞擊等物理損傷。

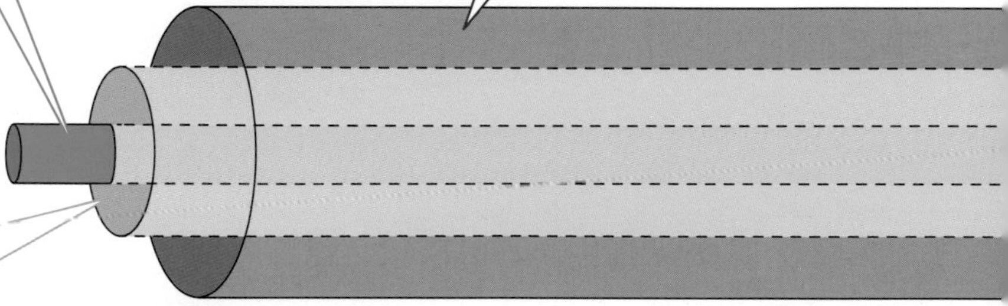

包層
以一種比纖芯的光密程度低的透光物質製成。它不像空氣和水般容易變溫，因此可確保臨界角穩定，就不會令光線時明時暗。

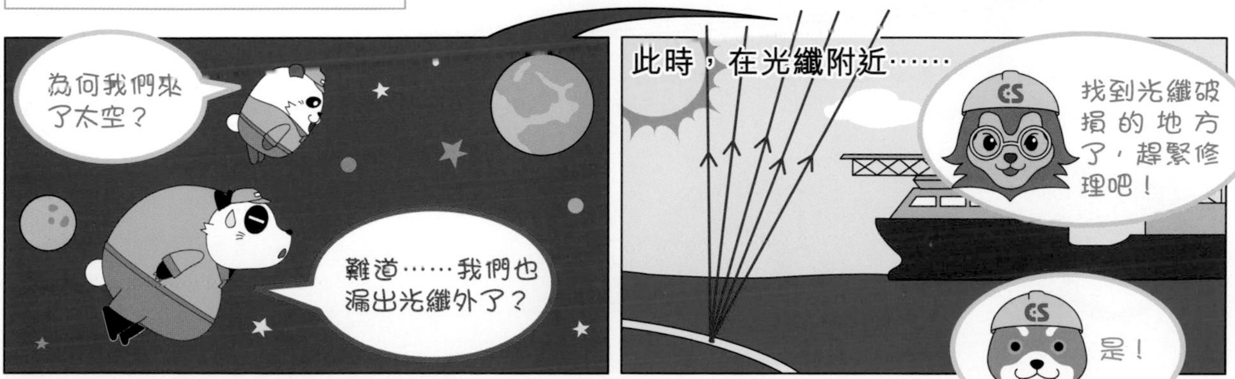

為何我們坐了太空？

難道……我們也漏出光纖外了？

此時，在光纖附近……

找到光纖破損的地方了，趕緊修理吧！

是！

IQ挑戰站

腦筋

冰雪王國的日常

愛因獅子住在冰雪王國中一間簡陋的小屋。

Q1 火柴盒中只剩下一根火柴，愛因獅子想燃點右圖的三個地方：桌上的油燈、煲熱水用的灶爐和牆壁的暖爐。他最先應燃點甚麼？

> 得補購火柴了！

Q2 這時，伏特犬來到小屋，把一條封在冰塊內保鮮的魚送給愛因獅子。

包封着魚的冰重 2kg，最少要多少杯 150ml 的水才能令它融化？

> 倒上 5 杯 150ml 的溫水，便可將 200g 重的冰融掉。

> 我剛生了火，可把水燙熱呢！

Q3 亞龜米德國王喜歡購買並炫耀奇珍異貨。每當外國有新產品推出，他往往禁止產品在國內銷售，避免人民買到一樣的東西。可是，有一天國王買到新產品後，不但引進產品，甚至催促大家一起買，到底該產品是甚麼？

> 就算全國只有本王擁有它，也沒有意義啊。

汽車

電話

相機

微波爐

恐龍模型

翻到 p.36，看看你能否揭穿謎底！

大偵探 福爾摩斯
SHERLOCK HOLMES
科學鬥智短篇⑤
魔犬傳說⑤

厲河=改編　月牙=繪　李少棠=造景

柯南·道爾=原著　陳沃龍、徐國聲=着色

福爾摩斯　精於觀察分析，曾習拳術，是倫敦最著名的私家偵探。

華生　曾是軍醫，樂於助人，是福爾摩斯查案的最佳拍檔。

上回提要：

　　巴斯克維爾家的先祖雨果因強搶民女而被魔犬咬死。自此，巴斯克維爾家多人死於非命，據傳皆與荒野中的魔犬有關。雨果的後代查爾斯爵士在其莊園的小徑上離奇斃命，友人莫蒂醫生更在他伏屍的地方發現巨大的犬爪。侄兒亨利收到通知後回國繼承遺產，卻在酒店收到叫他遠離莊園的警告信。福爾摩斯應邀調查，發現有人跟蹤亨利，並懷疑管家巴里莫亞是頭號疑犯。更離奇的是，亨利接連失去一隻新鞋和一隻舊鞋。福爾摩斯覺得事有蹊蹺，於是命華生陪亨利回鄉，和適時報告當地情況。抵達莊園時，眾人得悉有殺人犯越獄。當晚，華生在半夜聽到管家太太的啜泣。其後，他和亨利更發現巴里莫亞在深夜潛進一空房中……

　　兩人悄悄地通過門縫往空房裏面窺看，一如之前那樣，巴里莫亞拿着點燃了的**蠟燭**一動不動地站在窗前，不知道正在看甚麼。亨利爵士想推門進去，但華生連忙阻止，並在其耳邊低聲說：「不要**輕舉妄動**，先**靜觀其變**，看看他想幹甚麼。」

　　兩人屏息靜氣等了一會，巴里莫亞突然舉起蠟燭，以**燭光**在空氣中畫了一個**大圓圈**。

　　華生和亨利爵士馬上明白了，他在向窗外打**信號**！

「巴里莫亞！你在幹甚麼？」亨利按捺不住，一手把門推開，**怒氣沖沖**地走進屋內喝問。

「啊！」巴里莫亞被嚇得猛地轉過身來，驚恐地看着亨利和華生。

23

「説！你在幹甚麼？」亨利一步衝前再問。

「我……」巴里莫亞遲疑了幾秒後，才**吞吞吐吐**地答道，「我……我只是到處看看……看看窗戶有沒有關好。」

華生看到他手上的蠟燭不停地微微**顫動**，令映照在牆上的黑影也**搖曳不定**。很明顯，他內心虛怯，是在説謊。

「這是個空房，窗戶不是一直關好的嗎？」

「空房嗎？是的……但……為了防止發霉，空房也要常常**開開窗**，通通風。」

「那麼，你用蠟燭打圈又是甚麼意思？」亨利一刀**戳向核心**。

「甚麼？打圈？」巴里莫亞慌了，「我……我沒有呀。」

「華生醫生和我都看到了，還想**狡辯**嗎？」

「對，我也看到了。」華生説。

「一定……一定是你們看錯了，我只是舉起蠟燭，檢查一下窗戶有沒有插好**插銷**罷了。」

「是嗎？」華生**靈機一動**，他趨前取過蠟燭，仿照管家剛才那樣，在窗前劃了個圈。過了幾秒，黑暗的沼地中忽然也亮起一點**燭光**，像回應似的也劃了個圈。

「啊！」亨利赫然，他怒瞪着巴里莫亞**嚴詞詰問**，「快説！對方是甚麼人？你為何向他打信號？」

「這……」巴里莫亞**百辭莫辯**，只好垂頭喪氣地應道，「請……請你不要問，這個問題太複雜了。我……我只可以説這不是我個人的秘密，請恕我**無可奉告**。」

「甚麼？無可奉告？」亨利大怒，「你要甚麼陰謀？難道與伯父

的死有關？」

「不！絕對與老爵爺的死無關！這點我可以保證！」

「**哼！保證？**我還能相信你的保證嗎？我要報警！讓警察來問你，看你還敢不敢說『**無可奉告**』！」亨利氣得赤紅了臉。

「不！請不要報警！」突然，背後響起了一個女聲的悲鳴。

華生和亨利回頭一看，原來是巴里莫亞夫人。

她**驚恐萬狀**地撲過來，擋在丈夫前面哭訴：「爵爺！請你不要報警，此事與外子無關，一切都是我不好！」

亨利和華生面面相覷，對她的說話完全摸不着頭腦。

「別說！你說出來就**前功盡廢**了！」巴里莫亞制止妻子說下去。

「不！約翰，是我連累你，我不能讓你的名聲受到損害。」夫人豁出去了，「爵爺，是我要求丈夫那麼做的，他是向**我的弟弟**打信號。」

「甚麼？你的弟弟？甚麼意思？」亨利更驚訝了。

「對，是我的弟弟，他在沼地上等候我把食物送去，燭光打圈是表示已**準備好食物**，他的回應是表示可以安全接收。」

「啊……」華生馬上明白了。

他正想發問時，亨利已搶道：「難道你的弟弟是——」

「沒錯，他就是那個**越獄犯塞爾登**。」夫人悲痛地應道。

「你！你怎可以說出來呢！」巴里莫亞懊惱地搖頭。

「算了，**紙包不住火**，我們已無法隱瞞下去了。」夫人絕望地說，「約翰，請把實情向爵爺講清楚吧，希望這樣可以得到他的寬恕。」

「好吧，事到如今，也沒法隱瞞了。」巴里莫亞深深地歎了口氣，只好把事情的經過——**道出**……

原來，越獄犯塞爾登是管家夫人的弟弟，他在倫敦諾丁山一個有錢人的家中當園丁，平時**沉默寡言**，只會自顧自地工作，並不喜歡與人交往。數個月前，一個常取笑他**口吃**的傭工作弄他，在他的暖水瓶中滲了煤油，讓他喝下後嘔吐大作。他一怒之下突然**精神失常**，抓起修剪樹枝用的剪刀，當場就把對方亂刀捅死。

「他有口吃的毛病，自小不善與人溝通，只愛花草樹木，是個性情很平和的人。沒想到他——」巴里莫亞說到這裏，已說不下去了。

「他是我的弟弟，他逃獄後來找我**接濟**，我不能不照顧他。」夫人說，「待風聲過後，我們打算把他送去巴西避難。船期快到了，爵爺，請你**大發慈悲**，不要報警，讓我救救這個命苦的弟弟吧。」

「原來如此……」亨利沉吟半晌，思考了一會後才抬起頭來說，「明白了，換了是我的弟弟，我也許會和你一樣出手接濟。這樣吧，去把我的**舊衣服**送給他替換，讓他儘快離開，以免**夜長夢多**。」

「啊！爵爺！謝謝你！」夫人**喜極而泣**。

「謝謝你！我會儘快安排他離開！」巴里莫亞也激動地道謝。

「別再說了，趁我還未改變主意之前，快把**食物**和**衣服**送去吧。」亨利擺擺手說。

「是的。」巴里莫亞拉着妻子轉身離開，但他走了兩步，又回過頭來說，「對了，今天碰到弗蘭克蘭先生，他對莫蒂醫生私挖古墳的行為非常不滿，還說會控告他。」

「這個我已知道，那老先生只是**小題大做**，不用管他。」

「是的，他常常**無理取鬧**，這個可以不管。」巴里莫亞說，「不過，他還透露了一件事，我不知道應不應該理會。」

「甚麼事？」亨利問。

「在事發當晚，他看到**有人**走近老爵爺出事的那條林蔭小徑。」

「甚麼？」亨利和華生都吃了一驚。

「他說當晚用**望遠鏡**觀星，無意中看到有人拿着一盞**提燈**向林蔭小徑走去。」

Baskeriville Hall

Lafter Hall

The Moor

Lafter Hall

華生想起福爾摩斯借來的那幅**地圖**，從弗蘭克蘭的賴福特莊園確實可以看到那條林蔭小徑。

「他沒把此事告訴警方嗎？」亨利問。

「他常常投訴警方**辦事不力**，與警方的關係很差。我估計警方沒有找他問話，他也不會主動協助調查。」巴里莫亞說完，向亨利和華生微微地鞠了個躬，就與妻子下樓去了。

「不如明天去找那位老先生問個清楚吧。」華生提議。

「嗯。」亨利想了一下，**不置可否**地點點頭。

華生一早起來，提出要去找弗蘭克蘭時，亨利卻**面有難色**地說：「對不起，我想起有些屋契之類的文件要趕着處理，麻煩你自己走一趟好嗎？」

華生愕然，對亨利**毫不熱衷**的態度感到有點疑狐，只好說：「沒關係，我自己去就行了。但千萬不要獨自外出，尤其是不要接近那塊沼地。」

一個小時後，華生已來到**賴福特莊園**。報上姓名後，僕人也不多問，就逕直帶他攀上屋後的一道樓梯，來到了大屋的屋頂。

那個**脾氣古怪**的老先生已站在一台架在地上的望遠鏡旁，等候他的到來了。

「華生醫生，歡迎你**大駕光臨**呢。」老先生揚聲道。

「咦？你好像早就知道我會來似的呢。」華生訝異。

「哈哈哈，我哪有那麼厲害，全靠它罷了。」老先生摸了摸**望遠鏡**說，「這兒地勢平坦，你在5哩外我已看到你了。不過，你的大名卻是從其他地方打聽得來的。」

「原來如此。」

「這觀星用的專業級**天文望遠鏡**，沒有建築物或小山阻擋的話，就算是10哩外也可看得**一清二楚**。」老先生得意地說。

「是嗎？聽說你在查爾斯爵士出事的那個晚上，也是用望遠鏡看到有人走近出事地點，是嗎？」遇上脾氣古怪的人，華生知道**旁敲側擊**只會惹來猜疑，**直截了當**地問更有效。

「是呀。」果然，老先生爽快地承認了。

「那麼，你看到的是誰呢？」

「不知道。」

「你不是說10哩外也能看得**一清二楚**嗎？巴斯克維爾大宅也在10哩的範圍內呀。」

「你的問題有點幼稚呢。」老先生不客氣地說，「當時是夜晚呀，那人只是拿着一盞**小提燈**，怎能看得清樣貌！」

「是的，我大意了，沒想到這點。」

「嘿嘿嘿，但又不用太失望啊。」老生先**別有意味**地一笑，「因為，我看到了別的東西。」

「別的東西？」

「對，別的東西。」

「是甚麼？」

「不能説。」

「為甚麼？」

「除非——」

「除非甚麼？」

「除非，你幫我作證，指控那個庸醫私挖古墳吧。」

「這……」

「不肯就拉倒！」

「好吧！我幫你作證！」華生衝口而出。

「**女人！**當晚拿着提燈走向那老鬼大屋的，是個女人！」老先生的口沫直噴向華生。

「呀！」華生慌忙閃避。

「啊，對不起。我太過激昂了，請恕我失儀。」老先生抹去口角的泡沫，掏出雪茄咬在嘴裏，擺出一副**道貌岸然**的樣子繼續説，「雖然看不清樣貌，但我看到那人是穿着**裙子**的，除非是蘇格蘭人吧，否則一定是女人。」

「啊……**女人**，原來查爾斯爵士當晚等候的……是女人。」華生想起福爾摩斯的推論——當時老爵士一邊抽着雪茄，一邊在等人。

「謝謝你告訴我。」華生不忘奉承，「弗蘭克蘭先生，你提供的這個情報非常重要。」

「**哈哈哈**，年輕人，我看你為人老實又有禮貌，多送你一件**手信**吧。」

「手信？」

「我的意思是**情報**呀。」老先生**故作神秘**地湊到華生耳邊説，「我還看到那個逃犯，和一個**鬼鬼祟祟**的少年在一間廢屋出入呢。」

「啊……」

「來！望遠鏡已對準了那間廢屋，你自己看看吧。」老先生把華生拉到望遠鏡旁。華生慌忙湊過去窺看，果然，在沼地的中間有一間**荒廢了的石屋**。

「人呢？沒有呀。」華生説。

「哎呀，怎麼又問這麼幼稚的問題呀！難道逃犯會**無時無刻**站

在那裏等你嗎？」老先生罵道，「我也是偶然看到過幾次罷了。」

「這手信我收下了！謝謝你！」**事關重大**，華生馬上告辭，他必須趕回巴斯克維爾莊園，把剛知道的情報儘快通知福爾摩斯。

回到莊園後，華生記下弗蘭克蘭的**證詞**，再加上巴里莫亞夫婦與逃犯的關係，匆匆把信寫好。可是，當他想去找亨利報告新發現時，卻被巴里莫亞的說話嚇了一跳。

「在半個小時前，亨利爵士已獨自出去了。」

「甚麼？他有沒有說去哪裏？」華生問。

「沒有啊，他只是說出去散散步。」巴里莫亞說，「不過，我看見他朝沼地的方向走去。」

「哎呀，我已**三番四次**叫他不要去沼地那邊呀！」華生急了。

「請不要擔心，我見過**小舅子**，已把亨利爵士的**舊衣服**交給了他，並叫他千萬不要傷害他人。所以，就算碰到了亨利爵士，他只會躲起來，絕不會傷害他的。」

「我不是擔心你的小舅子，而是擔心**魔犬**和不能預知的危險啊！」

「啊……」巴里莫亞好像想起甚麼似的，補充道，「這麼說來，小舅子說見到一個**高高瘦瘦的男人**和一個**少年**在一間荒廢了的石屋中出入，那人不像警察，但形跡非常可疑。」

「男人和少年？」華生大吃一驚，這和弗蘭克蘭說的不是一樣嗎？

「**不！**」華生細心一想，馬上否定了自己的想法。因為，弗蘭克蘭說見到逃犯與少年一起，但逃犯塞爾登又說見到一個男人和少年，那麼，和少年一起的男人當然不是逃犯了。

「那人究竟是**何方神聖**？」華生感到糊塗了。

「他會不會對亨利爵士不利呢？」巴里莫亞也不禁擔心起來。

「不管如何，首先要把亨利爵士找回來！」華生說完，摸了摸腰

間的手槍後馬上走出莊園，急步往沼地的方向走去。

　　非常幸運，華生在通往沼地的小徑上看到了亨利的**足跡**。由於亨利兩次丟失了皮鞋，華生對他的鞋特別在意，從鞋印的形狀已一眼認出來了。

　　華生跟着足跡一直往前走，但走到佈滿了碎石的**分岔路**時，足跡卻失去了蹤影。

　　「糟糕，應該向**左**走還是向**右**走？走錯了的話，就找不到他了。」華生正在猶豫之際，看到了前面有一座小山。

　　「傻瓜！」華生咒罵自己，「只要攀上那座小山，**居高臨下**就能看到他往哪走呀！」想到這裏，華生加快腳步，目標已對準了小山的山頂。

　　走呀走！不一刻，他已**氣喘吁吁**地攀到山頂上。

　　「啊！」他馬上看到了，亨利與一個女子在沼地的小徑上。那女子不斷地向亨利說話，從她的手勢看來，她的態度非常認真。亨利似乎也很認真地聽着，但他不時搖搖頭，似乎並不同意女子所說的事情。不過，不知怎的，華生從兩人那**不徐不疾**的步伐中感受到某種**默契**——那種只有**墮入情網**的男女之間才能產生的默契。

　　「嘿，說甚麼有屋契趕着要看，原來是走來與**貝莉兒**幽會！」華生很快就認出那女子是誰，感到好氣又好笑。

　　「怎辦？要下山走過去與他們打招呼嗎？」華生想了一下，又放棄了這個想法。他知道，這樣去打擾他們是不禮貌的。不過，他對自己遠遠地**監視**又感到不太自在，作為朋友畢竟不該偷看人家的**隱私**。

　　正陷於**進退兩難**之際，忽然，他看到距離亨利兩人不遠的一塊岩石後面，有一個眼熟的東西晃了晃又馬上縮了回去。

　　「啊！那……那不是**捕蝶網**嗎？」華生心中暗忖，「一定是斯特普頓。但他為何要躲在岩石後面呢？難道……他跟我一樣，無意中發現亨利與妹妹**幽會**，不好意思走出來打擾他們？」

　　華生想到這裏，馬上打消了離開的念頭，決定**靜觀其變**。

這時，亨利和貝莉兒在一塊巨岩的陰影下停了下來。兩人態度親昵地說話，在外人看來，已完全是一對**情侶**了。巧合的是，巨岩就在斯特普頓躲藏位置的斜對面，他應該也清楚地看到兩人*喁喁細語*的情景。

不一刻，亨利突然握住了貝莉兒的手，有點激動地訴說着甚麼。但貝莉兒卻用力地把他的手**甩開**，並狼狽地退後了兩步。

「**啊！**」華生不禁也有點緊張起來。他看到亨利舉起攤開的雙手，看樣子是在道歉。

就在這時，斯特普頓從岩石後面走了出來，並急步向兩人的方向走去。不過，當他闖進兩人的視野範圍後，又故意拖慢了腳步，更裝作**若無其事**地走近，搖了搖捕蝶網向兩人打招呼。

貝莉兒顯得有點狼狽，她**慌慌張張**地走到哥哥身旁，並把臉撐到另一邊去，避開亨利的視線。從動作來看，斯特普頓只是**客客氣氣**地向亨利說了些甚麼，然後，就與貝莉兒走出巨岩的陰影，一起沿着小徑離開了。

亨利也遲疑地從陰影中走出來，顯得非常失落。

待那對兄妹走遠了，亨利才緩緩地轉過身，掉頭向華生所在的小山走過來。華生見狀慌忙**急步下山**，在路旁截住了他。

「**啊？**華生醫生，你怎會從山上下來的？」亨利訝異地問。

「巴里莫亞說你獨自外出，我怕有**危險**，就追來看看了。」華生喘着氣說，「但到了分岔路，不知道你往哪邊走，只好攀上山看看。」

「啊……」亨利有點尷尬地問，「那麼，你看到我和貝莉兒在一起？」

「看到了，還看到她和她的哥哥一起離開。」在未弄清楚斯特普頓的意圖前，華生故意略去斯特普頓監視兩人的事。

「請不要取笑我。我愛上了貝莉兒，是**一見鍾情**。」亨利向華生傾吐，「所以，我約了她今天在小徑上見面。我直覺地感到，她對

我也有好感。但不知怎的，她卻叫我快點回倫敦。我捉住她的手想**剖白**時，她更甩開了我。」

「我也看到了。」華生說。

「是嗎？我想向她**道歉**，沒想到她哥哥卻突然出現。」亨利沮喪地說，「我連道歉和解釋的機會也沒有。」

「別擔心，過兩天再找機會向她剖白吧。」華生安慰道，「她可能見到哥哥，有點不好意思吧。」

「說起她的哥哥……」亨利**欲言又止**。

「她的哥哥怎麼了？」

「不知怎的，我感覺他好像不喜歡我接近貝莉兒……」

「怎會呢？你**一表人才**，我是哥哥的話，想撮合還來不及呢。」

「是嗎？可能我想多了。」亨利終於有點釋然。

「對了，我和那個老先生談過了。」華生說着，把從弗蘭克蘭口中打聽來的事情一一告之。

「那個與**少年**一起的**男人**很可疑呢。」亨利問，「我們下一步該怎辦？」

「我要趕着去格林盆村給福爾摩斯寄信，待我回來再商量吧。」華生轉身想走，但又回過頭來**再三叮囑**，「請直接回家去，不要再獨自外出了。」

「知道了。」亨利不禁苦笑。

華生去到格林盆村後，在信中補上剛剛見到亨利與貝莉兒幽會的事，然後把信交給了雜貨店的老闆，吩咐他要儘快寄出。

「放心、放心，我一定會把信送到福爾摩斯先生手上的。」雜貨店老闆說着，**別有意味**地往門口瞥了一眼。

「這老闆的口吻很奇怪呢。」華生一邊嘀咕，一邊走向小店的門口。就在那一剎那，他看到一個**矮小的影子**在門口一閃而過，眨眼之間就消失了。

「唔？那**身影**好像在哪兒見過？」他連忙追出去看。可是，門外並沒有人。

「明明見到一個**矮小的身影**走過，怎會這麼快就消失了呢？」華生陡然吃了一驚，「少年！那身影一定屬於那個少年！難怪這兩天總是有點**心緒不寧**，原來有一個少年在跟蹤和監視着我。他知悉我的行蹤後，就向那個高高瘦瘦的神秘人報告。豈有此理，太可惡了！我要**反客為主**，揭開那個神秘人的真面目！」他馬上立定主意**獨闖龍潭**！

華生用望遠鏡看過那間廢屋，所以毫不費力就找到了那屋子。他拔出手槍，悄悄地推門進去。可是，破舊的屋內並沒有人，最顯眼的是一張用幾個**木箱**和一塊**草蓆**搭出來的床。此外，在牆角的一個木箱上，則放着幾罐罐頭和一條長棍麵包。很明顯，有人在這裏過夜。

「哼！在這種地方過夜，肯定有**不可告人**的目的。」華生心

想，「我要等他回來，殺他一個措手不及！」

「嘿嘿嘿……」突然，門外傳來了一陣冷笑。

華生赫然一驚，馬上轉過身去舉槍對準門口。

「華生，不要**殺錯良民**啊。」門外的聲音說。

「呀！這……這個聲音？」

「沒錯，是我。」一個身影出現在門外，他不是別人，正是我們的**大偵探福爾摩斯**。

「怎……怎會是你？」華生錯愕得張大了嘴巴。

「嘿嘿嘿，我收到你第一封信後，就馬上趕來了。」福爾摩斯笑道，「不過，為免**打草驚蛇**，只好藏身於此，沒有通知你罷了。」

「啊……那麼，逃犯塞爾登和弗蘭克蘭先生見到的那個**神秘人**，難道就是你？」華生啞然。

「沒錯，你在信上描述的那人就是我。」福爾摩斯從口袋中掏出一封信揚了揚。

「呀！那不是我剛叫雜貨店老闆寄給你的信嗎？」

「是呀，不過你離開雜貨店後，**小兔子**已把信搶先交給我了。」

「**甚麼？小兔子？**」華生赫然，「難道那少年就是小兔子？」

「哎呀，別**大驚小怪**了。」福爾摩斯説，「我和小兔子來到此地後，首先向雜貨店老闆表明身份，他收到你的信後會馬上交給小兔子，再由小兔子交給我。」

「啊……那麼，那些**罐頭**和**麵包**都是小兔子送來的了？」

「是的，我要留在這裏監視，不能——」

嗚～　　嗚～　　　嗚～

突然，外面傳來令人**不寒而慄**的狼嚎。

「呀！魔犬終於現身了！」福爾摩斯驚叫一聲，迅即轉身奪門而出。華生不敢怠慢，也立即跟着跑去。

嗚～　　嗚～　　　嗚～

兩人向嚎叫傳來的地方拔足狂奔，但奔到半途，就突然聽到「**哇呀**」一聲慘叫。他們連忙加速跑去，當跑到一座小山的崖下時，發現一個男人已——**動不動**地俯伏在血泊中。

福爾摩斯拔出腰間的手槍往四周看了看，確認附近沒有猛獸後，才敢走到那屍體的身旁，用手指探了一下他頸上的**動脈**。

「死了。」福爾摩斯搖搖頭説。

「他是甚麼人？」華生正想問時，突然，一個驚惶的聲音從後響起。

「亨利爵士！亨利爵士他怎麼了？」

華生兩人慌忙轉身看去，原來是斯特普頓，他驚恐萬分地看着地上的屍體呼喚。

「亨利爵士？」福爾摩斯大驚，慌忙把屍體的頭撐過來。

下回預告：亨利爵士是否真的遇害？福爾摩斯從一幅掛在大宅牆上的畫像中找出線索，並設局引出兇手進行誘捕。但人算不如天算，竟被兇手在眼皮下逃脱，他和華生更遭到魔犬襲擊！下期最終回劇力萬鈞，不容錯過！

讀者天地

我們收到不少針畫板的特別玩法，聽起來都很有趣呢！真不愧是兒科讀者，大家都很有創意～

刁綽瑜

*給編輯部的話

有了針畫板，可讓我用有趣的方法玩「包剪揼」呢！

范語喬

*給編輯部的話

(請評1-10分)
醫療so cute!
精靈也太可愛了!
Please 刊登

何止值 10 分？他是我的救命恩人，還教會我食物過敏的嚴重性呢！

你知道嗎？不少朱古力也含有過敏原。因此，跟朋友分享零食前，可關心一下對方有沒有食物過敏啊！

陳迪朗

*給編輯部的話

獅
愛因獅子這個名字很好笑日

不只愛因獅子，所有兒科角色的名字也很有趣啊！你知不知道我們的名字來自哪些科學家呢？

電子信箱問卷

趙曉瀅

今次的教材很好玩，我想可以在針的上面塗上顏色，然後印在畫紙上變成一張畫了！

蕭梓橫

今期（201）IQ 挑戰站的 Q1 不是一個助手便可嗎？一名助手和居兔夫人共有 8 日分量的糧食，第一天共消耗 2 份糧食，之後助手把 2 日分量的糧食給居兔夫人，用一天返回起點，之後居兔夫人有 5 日分量的糧食應付 2-6 日的行程。

由於題目設了這個限制：1 個人最多可攜帶足夠 1 人吃 4 日的糧食。

所以，如用你的方法，我就要 1 人攜帶 5 日的糧食，這樣就不符合上述條件了。

譚詩婷

今期（201）的科學 Q&A 和大偵探福爾摩斯非常好看。我忘記購買《兒童的科學》、《兒童的學習》了，請問在哪裏可以補購？

你可在我們的網上書店 www.rightman.net 補購啊！

IQ 挑戰站答案 **Q1** 火柴。 **Q2** 0 杯。只要將冰放在暖爐旁，等它自然融化即可。 **Q3** 電話。如果只有國王一個人有電話，他就無法跟別人聊天。

行為生態學家史密斯（Michael L. Smith）去年在美國國家科學院院刊發表研究結果——用電腦測量 12 個蜂群、共 1 萬 9000 個蜂房，發現同一個巢上的蜂房有不同形狀，並非只有六角形。

蜂巢上不只有六角形！

蜂巢上一格格的蜂房由六角形密鋪平面而成，這不是常識嗎？

為甚麼會出現其他形狀？

首先，工蜂可能有各自的築巢範圍，並相隔一段距離。牠們會在各自的「地盤」建立出六角形蜂房。

雙方的地盤不斷擴大，最終會遇到對方。這時，雙方的六角形邊緣未必能整齊地互相銜接。

於是，牠們便以不規則的八角形、七角形、五角形和四角形來填補中間的空隙。

五角形
七角形
四角形
八角形

Credit : Michael L. Smith, PNAS (2021)

10cm

▲電腦掃描蜂巢後，把畫面合拼並攤開成平面圖，圖中的黃色和粉紅色的細點，便是六角形以外的形狀，可見它們充當了不同區塊之間的銜接線。

在這些不規則形狀中，以五角形和七角形的數量最多。

工蜂之間沒有首領，但依然合作無間，又能靈活分配工作呢！

（資料由客戶提供）

尋找祕訣對抗逆境！
家庭議會故事書《畢家忘憂祕笈》

嫲嫲　爺爺

畢家忘憂祕笈

愛 家庭議會 Family Council www.familycouncil.gov.hk

畢家家庭成員各自遇上不同的困難和煩惱，畢得鳥、哥哥畢彌基和妹妹畢曉婷因而踏上尋找「忘憂祕笈」的旅程！

用正念編寫的「祕笈」！

故事中的「忘憂祕笈」正如中國武俠小說和武俠電影中的「武林祕笈」一樣，將一個大眾常用的英文字「HOPE」，演繹成對抗逆境的精要，鼓勵讀者面對逆境時保持正面和積極的心態。這樣不但吸引喜歡探險和好奇的小朋友，亦令他們更易記得！

太好了！我夢想成真！

《畢家忘憂祕笈》故事書
適合 9-11 歲
小朋友閱讀

面對逆境 TIP 1

小朋友和家人可以在日常生活中尋找正念句子並抄寫下來，在面臨難關時用以鼓勵自己或家人。

- 作者羅乃萱女士

妹妹 畢曉婷

媽 Mi

哥哥
畢彌基

從故事中學習家庭核心價值！

《畢家忘憂祕笈》的故事以闖關為主軸，彌基、曉婷和畢得鳥所經歷的關卡考驗了他們的智慧。當中故事的情節設定，既配合家庭議會提倡的家庭核心價值——「愛與關懷」、「責任與尊重」及「溝通與和諧」，亦緊扣本年度家庭議會推廣運動的主題「家‧給你打氣」，希望小朋友以多元角度學習正念，勇於面對挑戰。

將快樂的祕訣變得琅琅上口

《畢家忘憂祕笈》的主題曲《快樂的祕訣》由歌手糖妹主唱。她希望透過歌曲，各位小朋友能夠將藏在歌詞中的快樂祕訣琅琅上口，並實踐在日常生活中！

面對逆境 TIP 2

在生活中遇上難關時，我會找家人傾訴，並調整自己的心態，相信只要冷靜應對，所有困難都能從容解決。

- 歌手糖妹

天下無難事，只怕有心人！

畢得鳥

爸 B

38

《兒童的科學》
創作組＝編
Yuthon＝插畫

誰改變了世界？

數學王子 高斯

叮咚叮咚！

工場內不斷傳出敲擊聲，**石匠**手執鐵槌和鐵鑿，細心地在石板上鑿出各種花紋與文字。這時，一個老紳士來到門口**東張西望**。

「請問先生有甚麼事？」石匠放下工具趨前問。

「我想設計一塊**墓碑**。」那老紳士淡淡地道。

「請問先生貴姓？墓碑是給哪位先人？」

「我姓**高斯**，墓碑是給我自己的。」

「噢……」

「我想在上面刻出一個**正十七邊形**。」

「甚麼？」石匠皺起眉頭說，「高斯先生，若要在碑上刻那種東西，還不如刻一個**圓形**來得乾脆呢！」

「唉，你沒聽懂我的說話嗎？」高斯歎道，「我不要圓形，而是要一個正十七邊形。」

「不，是先生你沒聽懂我的話。」石匠**搖搖頭**說，「就算那真的刻出來，**看上去**亦只是一個圓形啊！」

「真的不行嗎？它對我來說意義重大，是我最重要的成就。」高

斯喃喃自語，「我只想死了以後，人們都會因這多邊形而記得它的**尺規作圖**方法。」

事實上，這位被稱為「**數學王子**」的約翰‧卡爾‧弗里德里希‧高斯 (Johann Carl Friedrich Gauss)，其成就豈止於此。他還在數論、幾何、星球軌道計算、大地測量等各種研究都多有**涉獵**，並作出重大的貢獻。

高斯雖有「王子」美譽，卻非真正的貴族。只是，出身**平凡**的他自小就展現出**非凡**的**天賦**。

神童的傳奇故事

1777年，高斯在賓士城公國*的一户**貧窮家庭**出生長大。父親格哈德當過園丁、砌磚工人等，為人正直卻粗魯頑固，認為那些高深學問對生活沒甚麼用，故一直**反對**兒子**讀書**。幸好，這決定被高斯的母親多羅特婭**阻止**了。多羅特婭為人聰明幽默，雖教育程度不高，但甚有**遠見**，常勸丈夫讓兒子學習知識。

的確，有不少關於高斯的**傳說**，顯示出其頭腦自小已**聰穎非常**。例如據說他在3歲時，便能指正父親算錯了的帳目結果。另外，還有一件**軼事**足以展現其超卓的**數學才能**。

高斯在7歲時入讀小學。一天，老師在黑板上寫了「**1+2+……+100**」的題目。

「你們計算一下，從1到100這一百個數的**和**是多少。」他轉過身來道，「算不出來就別想回家！」

「嗚！」一眾學生隨即拿出紙筆，逐個數字地加下去。

老師趁着他們拚命「**苦戰**」之際看看書。豈料，他還看不到半頁，旁邊就響起一個**聲音**。

「老師，我算好了。」

他抬起頭，只見小小的高斯拿着答案紙站在旁邊。

「這麼快？哪可能啊？」他奪去答

*賓士城 (Braunschweig)，現在是德國下薩克州的一個城市。

案紙一看，不禁**大吃一驚**，因為上面竟寫着正確的答案——**5050**！

「你怎知道答案的？你是否**作弊**了？」老師沉着臉厲聲問道。

「不、不、不！我沒作弊啊！」高斯拚命搖頭，**慌張**地說，「我是這樣算的⋯⋯」

$$1 + 2 + 3 + \cdots\cdots + 100$$

將第一個數與最後一個數相加、第二個數與倒數第二個數字相加，如此下去，就得到50個101，再將兩者相乘就得到答案5050。

$$1 + 100 = 101$$
$$2 + 99 = 101$$
$$3 + 98 = 101$$
$$\vdots$$
$$50 + 51 = 101$$

—— 共有50個101 ➡ 101 × 50 = 5050

「這方法是誰教你的？」老師**詫異**地問。

「沒有人教我啊，是我剛才想到的。」

老師聽到後，**若有所思**地看着面前這個還不滿10歲的小孩子。

半晌，高斯囁嚅地問：「老⋯⋯老師，我可以放學了嗎？」

「不，你留下來⋯⋯」

「但⋯⋯但我**算出答案**了啊？我⋯⋯我真的沒作弊啊？」小高斯急得快要哭出來了。

「冷靜點，我相信你沒作弊。」老師笑道，「我是說要你留下來學習更**高深**的數學知識，之後我會跟你的父母談談。」

此後，老師就與助教巴特爾斯*着重**培養**高斯的數學才能。其間高斯**不負眾望**，進步神速，其才華更吸引了上流社會的注意。1791年，14歲的高斯在輾轉之下，獲**引見**國內的最高權力者——公爵斐迪南*。公爵對這出眾的少年深有好感，決定**資助**其所有教育費用。於是，次年高斯得以入讀卡羅列林學院*。

*約翰・基斯頓・馬丁・巴特爾斯 (Johann Christian Martin Bartels，1769-1836年)，德國數學家。1791年辭去工作，專心攻讀數學，至1807年擔任俄國喀山大學教授，並成為著名數學家羅巴切夫斯基的老師。
*卡爾・威廉・斐迪南 (Charles William Ferdinand，1735-1806年)。
*卡羅列林學院 (Collegium Carolinum)，成立於1745年，是布藍茲維工業大學 (Technische Universität Braunschweig) 的前身。

高斯在學院時繼續發揮其天才的**本領**，曾獨力將2的**平方根**精確計算到小數點後50位。

另外，他開始試圖找出**質數分佈**的規律。以首五個質數2、3、5、7和11為例，除了**1**以外，這些數都只能被其自身整除，這就是質數的本質。當他不斷**羅列**質數，並計算兩個相鄰質數**差值**的平均值時，發現當數字愈大，差值便愈大，亦即質數分佈愈少，而且遞減數目平均，由此得出質數分佈定理。

1795年，高斯入讀哥廷根大學，更於次年做出許多研究成果。當中包括開首提及的**正十七邊形尺規作圖方法**。

所謂尺規作圖，即只利用一把沒有刻度的**直尺**和一個**圓規**去畫出多邊形圖案。只是，那並非適用於所有多邊形。至於哪些能畫、哪些不能，就成為數學家多年來的**大難題**了。

高斯在思考如何畫出正十七邊形時，指出若要以尺規畫出多邊形，邊的數目就須滿足以下任何一項**條件**：

- 本身是**費馬質數**。
- 2的**正整數次方**，再乘以0個、1個或多個費馬質數。
- 2個或以上不同的費馬質數相乘之**積**。

所謂「費馬質數」，乃由17世紀的法國數學家費馬*所命名的一組數字。目前已知的首五個費馬質數是3、5、17、257和**65537**。

以首十個可用尺規作圖的多邊形邊數為例：

*皮埃爾‧德‧費馬 (Pierre de Fermat，1607-1665年)，業餘數學家，也是一名律師。

三角形

3 = 費馬質數

四方形

$4 = 2^2 = 2 \times 2$

↑ 2的次方　0個 費馬質數

五邊形

5 = 費馬質數

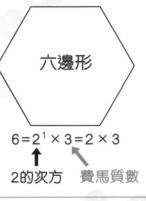

六邊形

$6 = 2^1 \times 3 = 2 \times 3$

↑ 2的次方　↑ 費馬質數

八邊形

$8 = 2^3 = 2 \times 2 \times 2$

↑ 2的次方　0個 費馬質數

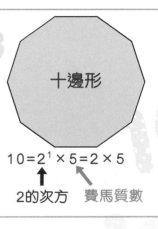

十邊形

$10 = 2^1 \times 5 = 2 \times 5$

↑ 2的次方　↑ 費馬質數

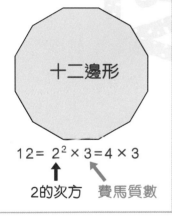

十二邊形

$12 = 2^2 \times 3 = 4 \times 3$

↑ 2的次方　↑ 費馬質數

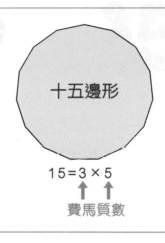

十五邊形

$15 = 3 \times 5$

↑ ↑ 費馬質數

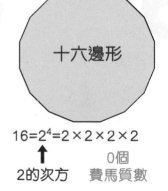

十六邊形

$16 = 2^4 = 2 \times 2 \times 2 \times 2$

↑ 2的次方　0個 費馬質數

十七邊形

17 = 費馬質數

不過，高斯對那些條件只給予部分證明，未算完整。直到 1837 年才由數學家汪策爾[*]完全證實其想法，解決這兩千多年來懸而未決的難題。另外，高斯亦曾提出以直尺和圓規畫出 **65537 邊形**的可能性，但亦沒寫出解法。

直到1894年，德國數學家約翰‧古斯塔夫‧愛馬仕 (Johann Gustav Hermes) 花費達10年時間，終於寫下了以尺規畫出「正65537邊形」的步驟，其計算手稿超過200頁。

由於邊數太多，人們根本無法清楚顯示或印刷出正65537邊形與圓形的差別。

正65537邊形

*皮埃爾‧勞倫特‧汪策爾 (Pierre Laurent Wantzel，1814-1848年)，法國數學家。

除了十七邊形的尺規作圖方法，他更鑽研二次互反律、非歐幾何理論等，並將成果寫在日記內，但大多都**沒公開**。

1798年，21歲的高斯完成巨著《**算術研究**》，可算是他對**數論**研究的集大成。雖然他得到公爵資助，但因故延至1801年才出版。此書確立了現代數論研究的**開端**。

所謂數論，主要是探討**整數**的性質，能應用於不同的數學運算。高斯對其非常重視，曾說過：「數學是科學的**皇后**，數論則是數學的**皇后**。她時常屈就自己，去為天文以及其他自然科學服務。不過在眾多領域中，她仍是最上等的。」因此他被人們尊稱為「**數學王子**」。

另外，高斯不但探究抽象的理論，還會運用其豐富的數學知識，實際地**丈量天地**。

測地觀天

1801年，天文學家**皮亞齊***於西西里島巴勒莫的天文台觀測夜空時，在白羊座附近發現一顆星在移動。他起初以為那是**彗星**，但因其不呈雲霧狀，且移動速度慢而平穩，便認定是**恆星**。然而，當他再觀察三晚後則再改變看法，表示那既不是彗星，亦非恆星，而是一顆**小行星**。

皮亞齊以希臘神話中的豐收女神「**克瑞斯**」(Ceres) 命名該星 (中文則稱為「**穀神星**」)。可惜，他後來因生病而無法繼續工作，加上剛巧那顆星正靠近太陽位置，被陽光遮掩而**失去蹤影**。

*朱塞普·皮亞齊 (Giuseppe Piazzi，1746-1826年)，意大利神父與天文學家。

新星的發現在學術界引起廣泛討論，連高斯也提起興趣。他利用那數次的**觀測數據**，運用**最小平方法**計算出穀神星的運行軌道，並將其交予天文學家馮·扎克[*]。

1801年12月31日至翌年1月1日，馮·扎克與另一天文學家奧伯斯[*]根據資料，果真發現穀神星**不偏不倚**地出現於高斯算準的位置上。至1809年，高斯據此事發表著作《天體的圓錐曲線繞日運行論》[*]。此事令高斯**聲名大噪**，大眾對他在星體軌道**精確無比**的計算結果大為讚歎。

可是，一場戰爭卻打亂了他平靜的生活。1806年斐迪南公爵因參與**拿破崙戰爭**而死去，高斯失去這位慷慨的贊助者後，生計頓成問題，須另覓工作以養活家人。幸好*天無絕人之路*，那時在他面前出現了兩個**工作選項**。

原來俄國政府聞悉高斯的名聲，決定向他授予聖彼得堡科學院外籍院士，並提供教授職位。另一方面，為了**挽留**這位天才數學家，包括洪堡[*]在內的多位學者遊說普魯士政府向其給予高位。結果，1807年高斯被破格聘任為哥廷根大學**數學教授**兼**天文台長**。由於高斯無意離開故鄉，故婉拒俄國的邀請，並帶着全家一起搬入新落成的天文台。

雖然那時他在大學當教授，卻不大喜歡教學，曾向同事朋友**抱怨**許多學生都沒有才能。只有少數聰敏學生能使他**另眼相看**，例如黎曼[*]、莫比烏斯[*]等。另外，據說他授課時禁止學生記筆記，認為這樣他們就會更**認真**去聽課。

除了天文研究，高斯自1818年受政府所託，大規模勘測**漢諾威**[*]的土地。他在白天到各處進行**三角測量**，收集數據。到了晚上，他就將所有資料整合起來，運用最小平方法，估計其**最小誤差值**，從而儘量得到最準確的計算結果。

---

[*]弗朗茲·謝弗·馮·扎克 (Franz Xaver von Zach，1754-1832年)，匈牙利天文學家。
[*]海因里希·威廉·馬蒂斯·奧伯斯 (Heinrich Wilhelm Matthias Olbers，1758-1840年)，德國天文學家與物理學家。
[*]《天體的圓錐曲線繞日運行論》(*Theoria motus corporum coelestium in sectionibus conicis solem ambientum*)，英文是*Theory of motion of the celestial bodies moving in conic sections around the Sun*。
[*]有關洪堡的事跡，請參閱《兒童的科學》第202期「誰改變了世界」專欄。
[*]格奧爾格·弗雷德里希·伯恩哈德·黎曼 (Georg Friedrich Bernhard Riemann，1826-1866年)，德國數學家。其中他開創「黎曼幾何學」，為日後愛因斯坦的廣義相對論提供了數學基礎。
[*]奧古斯特·費迪南德·莫比烏斯 (August Ferdinand Möbius，1790-1868年)，德國數學家與天文學家。因發現三維空間內的二維單面環狀結構——莫比烏斯帶而聞名於世，被譽為拓樸學的先驅。
[*]漢諾威 (Hanover)，位於德國北部，是下薩克森邦的首府。

測量人員先以兩個地方作為基線，並測量彼此之間的長度，然後在另一位置設立第三點，這樣就形成一個三角形。接着到其他地方立下新的三角點，從而不斷畫出多個三角形。之後，只要透過基線長度與各三角形的角度，利用三角函數定理，就能準確計算出各地方之間的距離和座標。

▶右圖是19世紀從萊茵到海塞的三角測量網絡圖，從中可見地圖被劃分出一個個三角形。

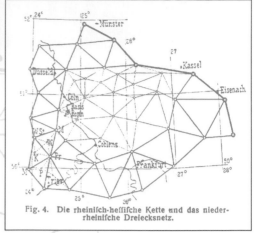

Fig. 4. Die rheinisch-hessische Kette und das nieder-rheinische Dreiecksnetz.

測量期間，高斯深知地球是一個球體，不能單以一般計算平面的**歐幾里得幾何**進行運算，而是利用其他方式。為此他仔細研究過曲率測量、微分幾何、曲面與投影等高等數學知識。另外，為方便測量，高斯發明了一種**日光反射儀**，經過不斷改進，更試製出日後被廣泛應用於土地測量的鏡式六分儀。

此外，高斯亦涉足物理學領域，例如透過一組**方程式**，指出磁場必具**雙極性**，亦即有南北兩極。假設將一塊磁鐵分成兩半後，每塊磁鐵都各有兩極，而非各佔一極，後世將之稱為「**高斯磁定律**」。到1830年代，他與物理學家韋伯[*]研究**電磁學**，制定一個系統化的測量單位，包括以時間、質量、電荷去表示磁場強度。

二人更於1833年運用法拉第[*]的電磁感應原理，發明出一部**有線電報機**。他們以磁鐵和金屬線圈產生斷斷續續的電流，令裝置中的另一塊磁鐵擺動，再經由一面鏡子反映出來。接收者只要觀察擺動方向，便能組成**字母信息**。

當時，韋伯在哥廷根上空搭建一條約1500米的**銅線**，連接物理研究所與高斯所在的天文台，進行測試。結果，兩人真的成功通信。

[*]威廉・愛德華・韋伯 (Wilhelm Eduard Weber，1804-1891年)。
[*]有關法拉第的事跡，請參閱《誰改變了世界？》第1集。

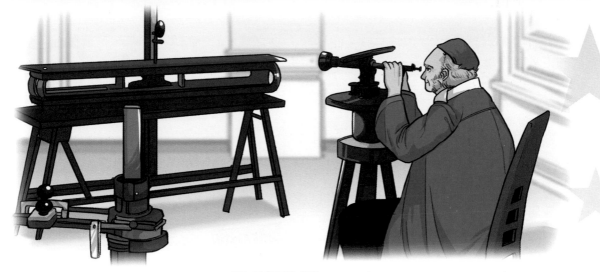

　　另一方面，他們亦研究**地球磁場**，並在哥廷根天文台建立觀測站。至1840年，二人更繪製出世界第一張地球磁場圖，確定了磁南極與磁北極的位置。

　　為表揚二人的**貢獻**，後世將他們的名字作為表示磁感應強度的**單位**。

力求完美

　　高斯非常勤奮，孜孜不倦地鑽研各種知識，到了近60歲時還開始學習**俄語**，得以與俄國數學家羅巴切夫斯基*通信，閱讀其非歐幾里得幾何 (簡稱「**非歐幾何**」) 的著作。

　　其實，高斯曾提及自己早於大學時期就已開始研究非歐幾何，並將成果寫進數學筆記中。然而這套筆記一直都**沒公開**，直到他死後數十年才被人發現。有說是因為高斯對自己的研究成果**力求完美**，否則絕不公開發表，這從其座右銘「少些，但是要成熟」*可見端倪。

　　這種處事方式是否正確可謂見仁見智，數學史家貝爾*就認為，若高斯及時把自己的發現公開，該能令其他後輩據其基礎加以發展，使數學再**前進**50年。

---

*尼古拉・伊萬諾維奇・羅巴切夫斯基 (Nikolai Ivanovich Lobachevsky，1792-1856年)，俄羅斯數學家，是早期促成非歐幾何學誕生的學者之一。
*「少些，但是要成熟」(pauca sed matura)，以英文翻譯則是 few, but ripe。
*埃里克・坦普爾・貝爾 (Eric Temple Bell，1883-1960年)，英國數學家與小說家，著有《數學大師：從芝諾到龐加萊》(Men of Mathematics: The Lives and Achievements of the Great Mathematicians from Zeno to Poincaré)。

來自遠古的石油

石油與現代生活息息相關，由車船燃料到布料的人造纖維，甚至電子產品的外殼，都是從石油提煉出來的呢！

柴油巴士

石油在提煉前又稱原油

衣物的尼龍或聚酯纖維

電子產品膠殼多為聚碳酸酯

石油是從何而來的呢？

石油的形成方法眾說紛紜，目前最有科學根據的是「生物成油論」。

石油的形成

上億年前，水中微生物和動物死後與泥沙混合，成為有機物，埋在地下並往地底擠壓。

另外，地底深處有熔岩流動，令有些地層的溫度可超過 100℃。在這種高溫和地層的高壓下，有機物就會產生化學變化，轉化成液態的石油。

隨着地殼板塊變動，有些本來是海底的地層移至內陸區域，於是海陸地底都存在着油田。

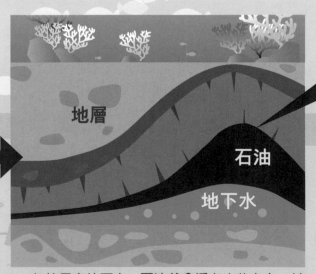

地層

石油

地下水

大量微生物及動物的遺骸沉在水底，被泥土覆蓋。遺骸一邊累積，一邊被泥土和水擠壓，數千萬年來不斷重複。

如地層有地下水，石油就會浮在水的上方，並一直向上滲透到緊密而又中空的岩層為止，石油不斷累積，便成為油田。

世界石油產量圖

北美洲
23.4%

歐洲
4.2%

東歐及俄羅斯
15.6%

非洲
8.5%

亞洲及太平洋地區
8.6%

南美洲
9.5%

中東
30.2%

2020 年，全球的石油產量約 42 億噸。近 10 年來，各地產量百分比都沒有太大變化。

1990 年的全球石油產量只有約 30 億噸，可見現代人類的生活十分依賴石油。

數據來源：
Enerdata - World Energy Statistics : Crude oil production (2020)

地層結構放大圖

海底

如果石油所在的岩層溫度高達 200℃，便會形成天然氣。

緊密而堅硬的岩層

天然氣

石油貯藏在石頭的縫隙中

地下水

向上滲透的石油

人們如何找出藏在地底的石油？

尋找油田！反射震測法

油田大多位於地下 4000 至 6000 米，須用特殊方式勘探。現代眾多探油方法中，以反射震測法最常見。

首先，在地面用機械撞擊地面，把震波傳至地底，並在附近設置儀器，收集從地下反射回來的震波。

震源車　　　儀器

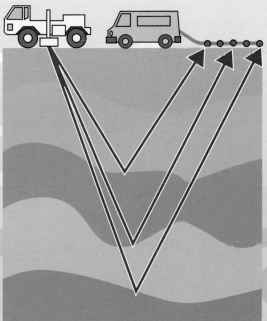

由於不同地質和地形受到震波衝擊時，會產生不同的反射速度和波幅，所以儀器能根據那些震波反射差異，描繪出地層構造，從而推斷該處是否含有油田。

科技新知

科技

元宇宙是甚麼?

過去幾個月,大家常看到有關「元宇宙」(Metaverse) 的討論。到底它是用來做甚麼呢?

簡單來說,元宇宙是一種可讓人們置身其中的互聯網。

現時人們主要用手機、個人電腦、平板電腦等裝置上網,從外面觀看螢幕上的資訊。

現實世界

元宇宙

元宇宙則是以人們戴上 VR 或 AR 眼鏡,並控制一個虛擬替身,進入不同的虛擬空間。他們不但能瀏覽不同網站,更可進行各種各樣的活動。故此,元宇宙被視為下一代的互聯網。

人們身處元宇宙,可創造出任何東西,就像玩 Minecraft、Roblox 等沙盒遊戲一樣。只是那些東西不限於用來玩樂,例如人們可在元宇宙內建造一個屬於自己的「家」,在這裏跟朋友見面。

愛因獅子

METAVERSE

好像在玩角色扮演遊戲一樣,不過這次我身處在遊戲世界內呢!

居兔夫人

頓牛

合共: $231.9

薯仔: $10 / 每袋

▲元宇宙內有各式各樣的店舖,可買賣現實中或元宇宙中的物品。

▲利用虛擬空間,可按個人需要搭建辦公室,不受物理因素限制。

不過,目前元宇宙仍處於起步階段,暫時難以確定將來會發展成甚麼模樣呢。

Q1 為甚麼人受傷後可以自我復原？

周卓謙

其實，每種動物由初生至老逝，個體的不少細胞都有被不斷置換的潛力，這叫「新陳代謝」。不過你問的「自我復原」相信不是這意思，而是指整個或部分組織或器官受傷後的修補復原，是吧？

自我復原（或稱再生，英文為 regenerate）並非人類的專利，不少動物都有此能力。例如家裏常見的益蟲壁虎（俗稱簷蛇或四腳蛇）斷掉尾巴後，可長回新的尾巴。

人的骨骼、皮膚、肌肉等組織受傷後可自行復原，內部器官則只有肝臟具備良好的再生能力，而其他器官則只能以極慢速度復原，甚至不能復原。有些器官在人出生後已不能再生，有些則隨着年紀增長而逐漸降低它的再生能力。

再生過程需要一套「樣本圖紙」（亦即細胞的 DNA），來控制細胞組成甚麼模樣的組織。只是，人體每個細胞的 DNA 雖然相同，但細胞一旦被歸入各個器官加以發育，它的 DNA 就被「任務分配」，只有某部分被激活，其餘就被「冷藏」，因而不能隨意用某個器官的細胞去再生另一個器官（除非是原始未被分配任務的「原 DNA」）。

另外，DNA 還會確保新長出的細胞量適可而止，否則再生出來的畸形超大肝臟，真會逼爆病人的胸腔！

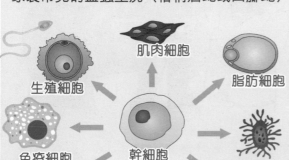

肌肉細胞
脂肪細胞
生殖細胞
免疫細胞
幹細胞
骨骼細胞
表皮細胞
神經細胞
紅血球

Credit:
Haileyfournier/CC-BY-SA 4.0

▲ 幹細胞可分化成神經細胞、肌肉細胞、紅血球等。一些分化後的細胞會失去分裂能力。

Q2 洗澡時的水蒸氣是如何形成的？

葉姿言

在香港，一般人都用高於室溫的暖水淋浴。暖水的溫度不一，但平均總會比家庭浴室有 10 至 20 度的差距。當水滴的表面水分子灑放時，不少都會氣化，帶同水的高溫擴散整個空間，這時就出現「熱水氣」接觸室內原先「冷空氣」的現象，產生冷凝作用。在這種情況下的冷凝產生的水微粒，都不均勻及無次序性。當它們將光線散射，便有如薄霧或炊煙，因此看起來就是白濛濛的水汽，瀰漫整個浴室。

如果用浸浴，水面面積便不及淋浴的連綿噴灑，水汽出現的速度或會不同，而水汽有多少則要視乎冷凝的動力情況而定。

除此之外，熱食、熱飲之所以冒出水汽，乃至人們在寒冬中可看到自己呼氣等現象，都是水汽凝結所致。

大偵探福爾摩斯
愛麗絲與大盜羅蘋

「福爾摩斯先生，這是你的信。」愛麗絲把一疊信遞上。

「哈，竟然來送信。」華生語帶**戲謔**地說，「今天不用追收**房租**嗎？」

「追收房租不但費神還影響心情，今天暫時休戰。而且——」愛麗絲一頓，舉起手中的書本自鳴得意地說，「我搶購到最新一集的《**俠盜羅蘋**》小說，要集中精神把它看完呀！」

「甚麼休戰？還差兩天才到期呀，別假裝**寬大為懷**好嗎？」福爾摩斯斜眼看了看愛麗絲。

「羅蘋？你指的是？」華生問。

「那個著名的法國蒙面大盜**亞森·羅蘋**呀，這是他的傳記小說！」

「那傢伙曾來倫敦作案，後來被逮捕，其實是個**假貨**[*]——」

「**吭吭吭！**」福爾摩斯突然咳了幾下。

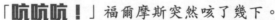

「啊！對了。」華生慌忙把說到嘴邊的話**吞**了回去，轉了個調子繼續道，「沒想到現在竟然有人為他**著書立說**呢？」

「呵呵，看來你還不知道呢。」愛麗絲故作神秘地說，「這部小說很受**歡迎**，還登上了各大書店的**暢銷榜**呢！」

原來，早前羅蘋在倫敦犯案的事跡傳遍歐洲，法國出版商認為這是個絕好的商機，便將羅蘋**劫富濟貧**的經過改編成冒險故事，還翻譯成英文版**推銷**到英國來。最近，更成功在倫敦掀起一陣「**羅蘋熱**」。

由於這套書在小學也很流行，愛麗絲就趁假期讀完最新一集，以便回到學校跟同學**吹噓**一番。

「羅蘋有這麼英俊嗎？跟他在倫敦被捕時的樣子完全不同呢。」華生**打量**着小說封面說。

「**吭吭吭！**」福爾摩斯連忙又咳了幾下。

「啊！對了。」華生慌忙說，「他被捕時很**胖**，一定是坐牢坐久了反而變得又**瘦**又**英俊**呢。」

[*]請參閱《大偵探福爾摩斯⑰史上最強的女敵手》，書中被捕的羅蘋其實是被福爾摩斯嫁禍的冒牌貨。

「哼，一個胖小偷的故事，不加以美化怎能吸引人看呀。」大偵探酸溜溜地說。看來，他聽到羅蘋大受歡迎，心中很不是味兒。

「不僅小說，跟他有關的精品也大賣啊！」愛麗絲抽出夾在書中的一張紙牌說，「像這款『羅蘋紙牌卡』，大家都想集齊全套 52 張，班上的同學正計劃集資購買呢！」

「每人各自買 52 張就可以了吧？有甚麼好集資的？」大偵探好奇地問。

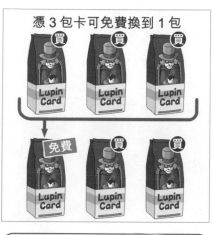

憑 3 包卡可免費換到 1 包

難題①：要買多少包卡，才能得到 120 包？
試試把情景畫出來，例如畫 ● 代表買 1 包卡，●●● 就代表買 3 包卡，而畫 ▲ 代表免費換到 1 包卡，那 ▲●● 就代表 1 包是免費的，2 包是買的。先找出 ▲ 的總數吧！答案在 p.56。

「哎呀，你想得太簡單了。『羅蘋紙牌卡』一包 20 張，每張卡上印有不同的羅蘋插圖，而且卡款隨機入包，要買好多包才能集齊全套啊。」愛麗絲說。

「嘩！這不是要花很多錢嗎？」

「最近有買卡優惠，每包卡都有 1 個印花，只要集齊 3 個印花，就可免費換到 1 包卡。」愛麗絲滔滔不絕地說明，「換句話說，買 3 包就能免費換 1 包。之後，再買 2 包，即 1 + 2 = 3，憑這 3 包又可免費換到 1 包，如此類推。我和同學的目標是：連同免費的，總共要得到 120 包卡。最後，就讓有份合資的同學平分抽卡。」

「那麼……」華生數了數指頭，「你們要買多少包，才能集齊 120 包？」

「這個嘛，太難計了，我還沒計好呢。」

「這是你們要買的數量。」福爾摩斯想也不用想，就把寫上數目的紙條遞了過去。

「啊？真的？買這麼多就夠了？謝謝福爾摩斯先生！」愛麗絲大喜。

「不過，要跟同學說，千萬不要把小偷當作偶像啊。最近竊案頻發，可能就跟這股羅蘋熱有關。」大偵探提醒。

他的話音剛落，門外就傳來急促的腳步聲。接著，房門被「砰」的一聲推開，只見李大猩拿著一個公件袋衝了進來。

「不得了！有大案發生！這次想你幫忙尋找贓物！」

「贓物？看，又有一件偷竊案發生了。」福爾摩斯瞅了愛麗絲一眼。

李大猩把調查檔案攤開在桌上，一五一十地把案情道出：

贓物是一條鑲有 12 顆寶石的項鏈。李大猩推測，賊黨在變賣前會找黑市珠寶鑑定專家鑑定寶石的價值，以便賣得一個好價錢。於是，他便走遍全倫敦，找了好幾個黑市鑑定專家查問。

如李大猩所料，確實有人找專家**鑑定**過失竊的項鏈。可惜的是，找專家鑑定的**中介人**已失蹤，故不知道賊黨所在，也不知項鏈的去向。不過，幸好專家留下了鑑定時的**圖紙**，詳細記錄了每顆寶石的**估價**。

「既然已有這個線索，你自己去查不就行了？何須來找我幫忙？」福爾摩斯擺出一副**莫不關心**的樣子。

「因為我知道**犯人**是誰呀！」

「是誰？」

「**飛賊三人組**！他們每次作案都會在現場留下**名片**。」

「哪又怎樣？」福爾摩斯**幸災樂禍**，「捉賊是你的工作，跟我可沒關係。」

「不！這次跟你有很大關係啊！」

「甚麼？難道你以為我是飛賊三人組的成員嗎？」福爾摩斯生氣地説。

「千萬別誤會！我説與你有關，是因為——」李大猩**煞有介事**地吞了一口口水，並從檔案中翻出一張小卡紙，「三人組在今次的**名片**上，還留下了這句話。」

「甚麼？居然這樣**詆毀**我？」福爾摩斯拍案而起，「豈有此理！好！我就幫你把他們拘捕歸案！」

華生不禁暗笑，福爾摩斯最重名聲，飛賊三人組竟對他**出言不遜**，他們這次有難了。

「哇！**真漂亮**！難怪飛賊三人組看中它了。」好管閒事的愛麗絲拿起桌上的寶石鑑定表讚歎。

聞言，華生也探頭看去，只見表上附有項鏈的**繪圖**，鏈上的 12 顆寶石旁還一一列明**估價**。

「不要妨礙大人做正經事，回去看你的羅蘋小説吧。」福爾摩斯不耐煩地訓斥。

「原來最貴的寶石和最便宜的**相差逾 10 倍**！就算只**拆**出最貴那幾顆來賣，價錢也十分可觀呢！」愛麗絲無視大偵探的斥責，自顧自地發表感想。

「**拆**出來賣？」聞言，福爾摩斯**靈機一觸**，「李大猩，你查問過全倫敦的當舖和珠寶商了嗎？」

「都問過了，沒有一間店收購過同款的項鏈啊！」

「**同類型的寶石**呢？他們有收過嗎？」福爾摩斯一手奪回愛麗絲手上的鑑定表，遞到李大猩的面前説，「飛賊三人組有可能把項鏈**分拆變賣**！」

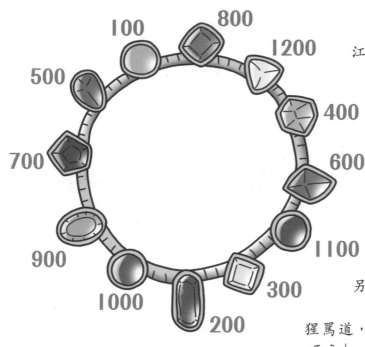

「啊！」李大猩**如夢初醒**，「對了，江湖傳聞三人組分贓很公平，每次作案後都會把所得**平分**，不會像其他匪徒那樣，常因分贓不勻而內訌。」

「是嗎？那麼，他們應會先行分贓，即按寶石的價值把項鏈**剪成3截**，再各自拿去變賣。這麼一來，不但可平分所得，還可**規避**整條出售時遇上被人識穿是賊贓的風險。」

「對，這也可分散風險！」愛麗絲插嘴道，「即使其中一人被捕，另外兩人也可**逃之夭夭**。」

「小丫頭！大人辦事別多嘴！」李大猩罵道，「難道我們還用你來幫忙分析案情嗎？」

「甚麼小丫頭？全靠我，案情才有眉目呀！」愛麗絲**反唇相譏**。

難題②：賊黨把項鏈剪成3截，每截的寶石價值相同，他們會怎樣剪呢？答案在p.56。

「與**牙尖嘴利**的丫頭爭執只會吃虧，我們還是走吧。」福爾摩斯拉着李大猩匆匆下樓。

「甚麼牙尖嘴利？這叫做**能言善辯**呀！」愛麗絲得勢不饒人，追着兩人叫罵。

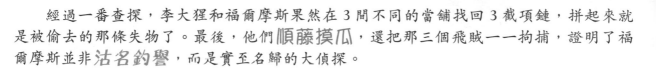

經過一番查探，李大猩和福爾摩斯果然在3間不同的當舖找回3截項鏈，拼起來就是被偷去的那條失物了。最後，他們**順藤摸瓜**，還把那三個飛賊一一拘捕，證明了福爾摩斯並非**沽名釣譽**，而是實至名歸的大偵探。

一個月後，華生一回家便向福爾摩斯大喊。

「真是**難以置信**！」

「大呼小叫的，發生了甚麼事呀？」福爾摩斯躺在沙發上，懶洋洋地問。

「我剛剛逛書店，看到李大猩居然在**買書**！」

「買甚麼書？」

「是我推薦的《俠盜羅蘋》！」剛好也在的愛麗絲**自鳴得意**地說，「今早在書店門口巧遇李大猩先生，便乘機推薦他買書了。」

「真有一手，居然有辦法令那**四肢發達**的傢伙買書？」福爾摩斯笑道。

「我告訴他，看小偷的故事能認識其手法和心理，捉賊時必會**手到擒來**，助他成為蘇格蘭場的**明日之星**。他眼前一亮，就馬上買下整套《俠盜羅蘋》了。」

「哈哈！好一個牙尖嘴利的推銷員。」福爾摩斯打趣說。

「不如你也買本《俠盜羅蘋》看看吧？」

愛麗絲亮出剛買到手的小說，只見書上的副標題是「**對決英倫偵探**」。

「唔？」華生還看到封面上除了羅蘋外，他的身後還有一個黑影。那黑影頭戴**獵鹿帽**、口咬**煙斗**、頸纏**圍巾**，不禁讓人聯想到我們的大偵探。

「我對純屬虛構的故事沒興趣。」

「書中的**英倫偵探**是誰？難道是福爾摩斯？」華生卻興致勃勃地追問。

愛麗絲翻開書本和華生一起看了幾頁後，不約而同地斜眼看着福爾摩斯**竊竊私笑**。

「可惡，難道書中說我沽名釣譽？」福爾摩斯一手奪過書本，**怒氣沖沖**地翻閱起來。

答案

難題①：

用圖形輔助思考：以●圖案代表買 1 包卡，●●●就代表買 3 包卡。然後，以▲圖案代表免費換到 1 包卡。所以，▲●●就代表 1 包免費、2 包付費。接着，畫出以下的圖：

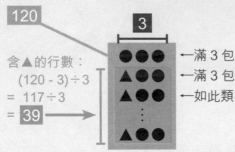

含▲的行數：
(120 - 3) ÷ 3
= 117 ÷ 3
= 39

120
3
←滿 3 包卡，在下一行畫 1 個▲
←滿 3 包卡，在下一行畫 1 個▲
←如此類推，一直畫下去

愛麗絲的目標是得到 120 包卡，所有▲和●加起來共 120 個圖案。

為計算●（付費），須先減去 120 包卡中▲（免費）佔的數量。

首先，把總包數 120 減去首行的 3 個●，得出綠色部分共有 117 包。算式就是 120 - 3 = 117。

然後，把綠色部分想像成長方形，面積是 117。由於橫向的短邊長度是 3，所以垂直的邊長是 117 ÷ 3 = 39。

因每行有 1 個▲，所以長方形內的▲共有 1 x 39 = 39 個。因每行有 2 個●，所以長方形內的●共有 2 x 39 = 78 個。

最後，再加上首行●●●，全部●就有 78 + 3 = 81 個。因此，愛麗絲和同學們要合資買 81 包卡，就能得到 120 包卡。

難題②：

可用先加後除的方法，先計出全部寶石總值 7800 鎊，剪成 3 截後，每截價值相同，即每截 7800 ÷ 3 = 2600 鎊。

從最高價的寶石（1200 鎊）開始向左方疊加數字，很快就能發現 2600 鎊一截的組合，如此類推，就能平均分出 3 截價值相等的項鏈了。

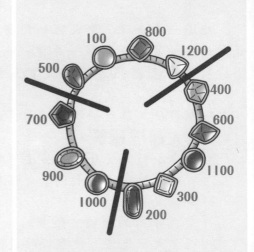

天文

梁淦章工程師
香港天文學會

太空歷奇

上回介紹了帕克號的任務、船上的設備等，這次將會講到它的研究對象——太陽。

太陽 最近的恆星

太陽核心
溫度：高過 1500 萬℃

輻射層
溫度：200 萬℃

對流層
溫度：200 萬℃ － 6000℃

光球層（可見球面）
溫度：6000℃

色球層
溫度：6000℃ － 20000℃

過渡層
溫度：23000℃ － 100 萬℃

日冕（太陽外層大氣）
溫度：平均 100 萬℃ － 300 萬℃

太陽各層結構

	日冕	過渡層	色球層	光球層	對流層	輻射層	太陽核心
	約 2900 萬 km	96 km	1680 km	400 km	181000 km	373000 km	138000 km

不依比例

冷 知 識

太陽風

由太陽上層大氣向外射出的高能帶電粒子流，每時每刻都由太陽產生，強弱受多個因素影響。

日冕物質拋射

是從日冕拋射出大量高能質子和電子進入太陽風及外太空的爆發現象，會影響太陽風強弱。

溫度對比熱力

在太空，溫度可以高達千度而不感覺到熱。原因是溫度是量度粒子走動得多快，而熱力是量度粒子傳遞的總能量。在太空，粒子密度近乎零，雖然粒子走得極快，但粒子數少，故可傳遞的總能量極低，故熱力不大。

日冕高溫的謎思

按照常理，遠離火焰時，溫度會下降，太陽卻非如此。日冕是太陽的外層大氣，其溫度卻比它下方的太陽表面高 200 至 500 倍，原因有待研究。

磁力線折返

帕克號新發現

磁力線折返現象

2021 年，帕克號觀測磁力線變化，發現太陽風前行受干擾時，會引起磁力線以 S 形向後彎，原因有待研究。

首次穿越日冕時從中攝得日冕流光

以往只可在日全食時，才可見到日冕和日冕流光。帕克號在第 9 次近日時穿越日冕，首次在流光中攝得連串圖片（見右圖）。

日冕流光

Photo Credit: NASA

Photo Credit: Letian Wang, Jiajie Zhang

帕克號穿越日冕軌道

日冕流光

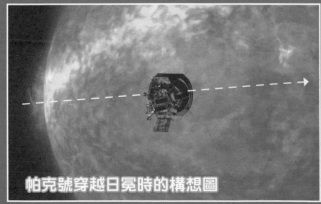

帕克號穿越日冕時的構想圖

開心禮物屋 動手做出獨創作品

參加辦法
在問卷寫上給編輯部的話、提出科學疑難、填妥選擇的禮物代表字母並寄回，便有機會得獎。

有這些禮物，就算停課也不怕沉悶了！

A 培樂多泥膠麵條與壽司 1名

人氣廚房創作系列！

B Avenir 刮畫幻彩 DIY 燈箱 1名

含刮畫工具、框架、LED燈及8款不同圖案的刮畫圖紙。

C 4M 反斗奇兵＆外星人石膏彩模 1名

體驗拓印石膏後，可自由塗上喜歡的顏色！

D 小說 少女神探 愛麗絲與企鵝 第4-6集 1名

可愛搞笑的少女偵探推理小說！

E 大偵探動畫機 1名

學用連環圖製作動畫！

F 柯南科學常識檔案 《動物的秘密》＋《植物的秘密》 1名

認識大自然的奧秘！

G 《大偵探福爾摩斯》交通工具圖鑑 1名

為你介紹多款巴士、鐵路、船及飛機的種類及演變歷程。

H 星光樂園遊戲卡福袋 2名

每個福袋含卡超過40張！

I 肥嘟嘟華生公仔 1名

帶8吋高的可愛華生回家！

規則
截止日期：3月31日
公佈日期：5月1日（第205期）

★ 問卷影印本無效。
★ 得獎者將另獲通知領獎事宜。
★ 實際禮物款式可能與本頁所示有別。
★ 匯識教育公司員工及其家屬均不能參加，以示公允。
★ 如有任何爭議，本刊保留最終決定權。

第199期得獎者

*由於疫情關係，今期禮物將會直接寄往得獎者於問卷上填寫之地址。

因為這件垃圾正要墜落地球，總部更預測它有很大機會直擊民居！

那豈不是很危險？

對，以往也發生過火箭殘骸掉落民居的意外。

因為傳統火箭升空後，需要排棄火箭推進器，不少推進器就此遺在大氣層之外，或者掉落地面。

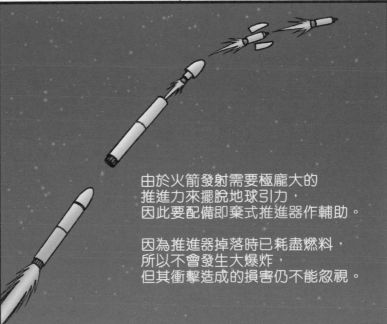

由於火箭發射需要極龐大的推進力來擺脫地球引力，因此要配備即棄式推進器作輔助。

因為推進器掉落時已耗盡燃料，所以不會發生大爆炸，但其衝擊造成的損害仍不能忽視。

好，我們出發！

啊！

等等！小心撞上那些垃圾呀！

到了！

垃圾呢？
甚麼也沒有啊！

咦？
沒……沒事？

其實截至現在，
有超過一億件垃圾
在地球周邊呢。

2850個廢棄衛星

3萬4千件
大於10厘米
的碎片

根據統計，
現時太空垃圾中
有1億2800萬件屬於
只有數厘米的小碎片，
主要是人造衛星等物件
碰撞或炸毀時產生的。

1950支火箭

90萬件
小於10厘米
的碎片

另外還有完成任務後
被廢棄的人造衛星，
以及前述的火箭推進器等等。

當中2萬6千件被認為
具威脅的已被長期追蹤。

2萬1千件
不明垃圾

1億2800萬件
約1厘米
的碎片

這些大大小小的
垃圾加起來，
質量足可媲美巴黎
艾菲爾鐵塔呢！

這麼大
的垃圾，
真誇張啊！

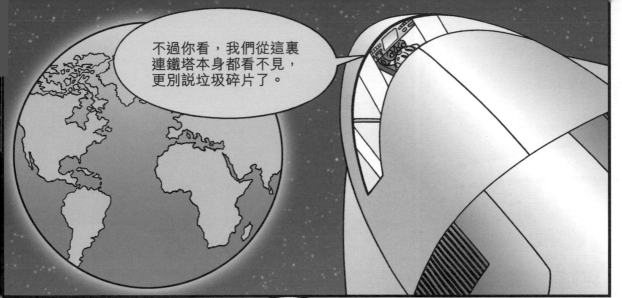

不過你看，我們從這裏連鐵塔本身都看不見，更別說垃圾碎片了。

但既然這麼小，又會有甚麼危險呢？

你知道嗎？一件大於10厘米的碎片，已足夠破壞一個人造衛星。

至於1厘米的碎片，也有機會對太空機械造成損傷，如撞上正在外部工作的太空人，更會令他即時死亡啊！

怎會這麼嚴重？我撞到垃圾桶也不會死呀？

那是因為……

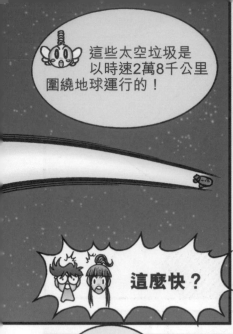

這些太空垃圾是以時速2萬8千公里圍繞地球運行的！

這麼快？

當太空垃圾被拋出時，受到地球引力拉住，形成一條軌道圍着地球公轉。

因為地球以高速自轉，所以垃圾的公轉速度也很高。

由於速度越高，能量越大。

即使是只有幾厘米的物件，也會造成很大衝擊。

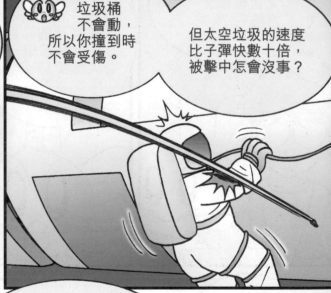

垃圾桶不會動，所以你撞到時不會受傷。

但太空垃圾的速度比子彈快數十倍，被擊中怎會沒事？

對了，剛才我們的飛船發射上來，是不是也在製造太空垃圾？

我們的技術比地球高很多，當然不會製造垃圾啦。

不過地球的太空部門也在努力研究減少垃圾的方法。

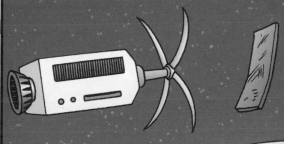

例如，科學家構思垃圾收集器，務求取回太空垃圾。另外，又提出改變碎片運行軌道，令它們掉進大氣層燃燒淨盡。

然而，礙於價錢關係，至今仍未有正式實行任何清理垃圾的行動。

當中最可行的是改變碎片運行軌道，但仍有一大問題……

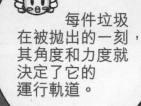

每件垃圾在被拋出的一刻，其角度和力度就決定了它的運行軌道。

因此這上億件碎片的軌道千變萬化，要花上很多人力物力才可完成清理工作。

實在難以想像……

發現目標！發現目標！

就是那件大型垃圾了！

怎樣？

如果我破壞它，就會產生大量碎片，反而製造更多垃圾，並不划算。

但就這樣掉到地球也很危險，該怎麼辦？

唔……

對了！

可以引導它掉落尼莫點！

尼莫點？

尼莫點是位於
太平洋中心的
一個特定位置。

這是地球上
距離陸地最遠的一點，
離最近的迪西島
也有2688公里之遠。

它的命名來自
經典小說《海底兩萬里》
的尼莫船長呢。

南太平洋　　　　　　南美洲

尼莫點

↓南極

→暖流　　→寒流

尼莫點亦遠離
南太平洋環流，
幾乎沒有水流
帶來養分，
令生態系統
難以維繫。

因此這一帶可說
是海洋的沙漠，
鮮有生物活動。

亞洲　　　　　　　　北美洲

北太平洋環流

南美洲

南太平洋環流

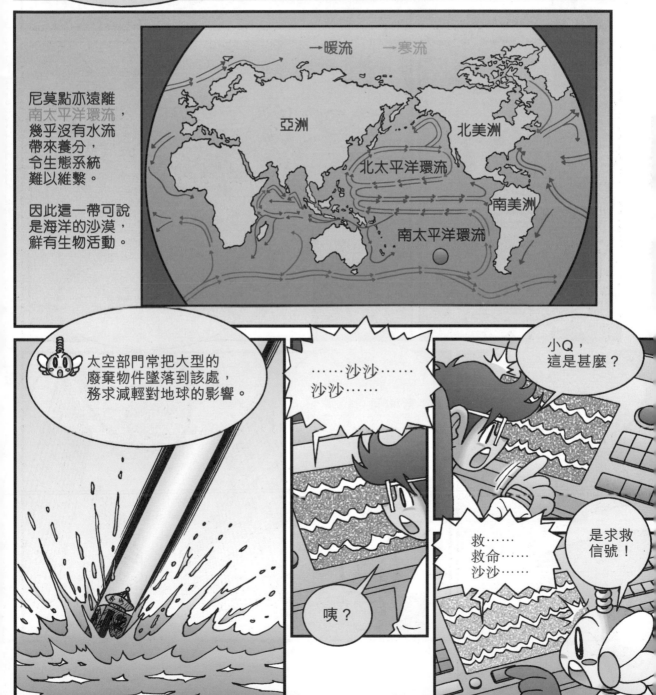

太空部門常把大型的
廢棄物件墜落到該處，
務求減輕對地球的影響。

……沙沙……
沙沙……

咦？

救……
救命……
沙沙……

小Q，
這是甚麼？

是求救
信號！

救命啊！

我們的太空船撞到
太空垃圾而失控了，
但Mr.A不肯棄船逃生啊！

大剛！
你怎會在
那裏的？

這艘太空船很貴的！
要我棄船豈不是
血本無歸？

現在還說
這些？

小Q！你可以把
那艘船拉回來嗎？

不行，那艘船已
完全被地球引力拉住，
只能墜向地球。

而且依照計算，
它極有可能掉到
大城市，到時連
其他人也會受到
波及！

那怎麼辦？

得救了！

這樣太空船就會沿着新軌道墜落至尼莫點，不會傷及無辜了。

可是這樣丟棄不會有問題嗎？

有呀！

墜落尼莫點的殘骸並不會突然消失不見，大量積聚始終會造成環境污染。

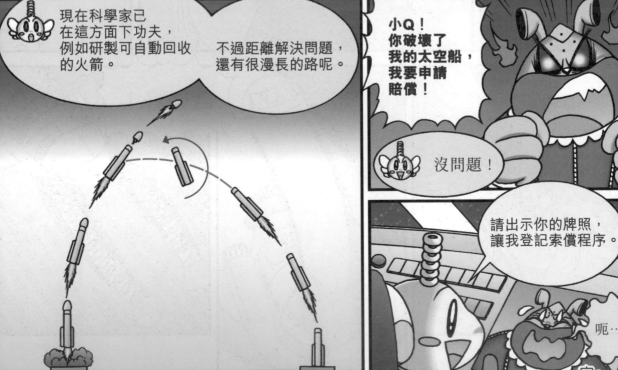

現在科學家已在這方面下功夫，例如研製可自動回收的火箭。

不過距離解決問題，還有很漫長的路呢。

小Q！你破壞了我的太空船，我要申請賠償！

沒問題！

請出示你的牌照，讓我登記索償程序。

呃……

～完～

兒童的科學 NO.203

請貼上 HK$2.0郵票（只供香港讀者使用）

香港柴灣祥利街9號
祥利工業大廈2樓A室
兒童的科學 編輯部收

有科學疑問或有意見、想參加開心禮物屋，請填妥問卷，寄給我們！

大家可用
電子問卷方式遞交

▼請沿虛線向內摺

請在空格內「✔」出你的選擇。

我購買的版本為：01□實踐教材版 02□普通版

*給編輯部的話

*開心禮物屋：我選擇的禮物編號 _____

*我的科學疑難/我的天文問題：

*本刊有機會刊登上述內容以及填寫者的姓名。

有關今期內容

Q1：今期主題：「史前恐龍大揭秘」
03□非常喜歡　　04□喜歡　　05□一般　　06□不喜歡　　07□非常不喜歡

Q2：今期教材：「機甲恐龍」
08□非常喜歡　　09□喜歡　　10□一般　　11□不喜歡　　12□非常不喜歡

Q3：你覺得今期「機甲恐龍」容易組裝嗎？
13□很容易　　14□容易　　15□一般　　16□困難
17□很困難（困難之處：_____）　　18□沒有教材

Q4：你有做今期的勞作和實驗嗎？
19□紙杯UFO伸縮手　　20□實驗1：光纖模擬
21□實驗2：光纖漏光測試

請沿實線剪下 ✂

請沿實線剪下 ✂

問　卷

讀者檔案
#必須提供

| #姓名： | | 男女 | 年齡： | 班級： |

就讀學校：

#居住地址：

| | #聯絡電話： |

你是否同意，本公司將你上述個人資料，只限用作傳送《兒童的科學》及本公司其他書刊資料給你？（請刪去不適用者）

同意/不同意 簽署：＿＿＿＿＿＿＿＿＿＿＿ 日期：＿＿＿＿年＿＿＿月＿＿＿日

（有關詳情請查看封底裏之「收集個人資料聲明」）

讀者意見

A 科學實踐專輯：古地球揭秘
B 海豚哥哥自然教室：聰明的大象
C 科學DIY：紙杯UFO伸縮手
D 科學實驗室：光之奇幻旅程
E IQ挑戰站
F 大偵探福爾摩斯科學鬥智短篇：魔犬傳說（5）
G 讀者天地
H 科學快訊：蜂巢上不只有六角形！
I 誰改變了世界：數學王子 高斯
J 地球揭秘：來自遠古的石油
K 科技新知：元宇宙是甚麼？
L 曹博士信箱：為甚麼人受傷後可以自我復原？
M 數學偵緝室：愛麗絲與大盜羅蘋
N 天文教室：太陽──最近的恆星
O 科學Q&A：太空垃圾場

＊請以英文代號回答Q5至Q7

Q5. 你最喜愛的專欄：第 1 位 22＿＿＿＿＿ 第 2 位 23＿＿＿＿＿ 第 3 位 24＿＿＿＿＿

Q6. 你最不感興趣的專欄：25＿＿＿＿ 原因：26＿＿＿＿＿

Q7. 你最看不明白的專欄：27＿＿＿＿ 不明白之處：28＿＿＿＿＿

Q8. 你從何處購買今期《兒童的科學》？
29□訂閱 30□書店 31□報攤 32□便利店 33□網上書店
34□其他：＿＿＿＿＿

Q9. 你有瀏覽過我們網上書店的網頁www.rightman.net嗎？
35□有 36□沒有

Q10. 你有購買《大偵探福爾摩斯 數學偵緝系列》嗎？若沒有，你會打算購買嗎？
37□已購買 38□未購買，將會購買
39□不會購買，原因：＿＿＿＿＿

Q11. 你最喜愛《大偵探福爾摩斯》內哪個角色？為甚麼？
40□福爾摩斯 41□華生 42□M博士 43□小兔子 44□愛麗絲 45□狐格森
46□李大猩 47□其他：＿＿＿＿＿
原因：＿＿＿＿＿